ÉTUDE SUR L'EXTIRPATION

DE

L'EXTRÉMITÉ INFÉRIEURE

DU RECTUM

PAR

Le Dr A.-H. MARCHAND

Prosecteur à l'amphithéâtre d'anatomie des hôpitaux,
Ancien interne des hôpitaux et hospices civils,
Ex-prosecteur et lauréat de l'Ecole de médecine de Tours,
Prix Tonnelé (médaille d'or, médaille de vermeil,
médaille d'argent, 1864-1865).

PARIS

LIBRAIRIE J.-B. BAILLIÈRE et FILS,

19, rue Hautefeuille, 19, près le boulevard Saint-Germain.

1873

ÉTUDE SUR L'EXTIRPATION

DE

L'EXTRÉMITÉ INFÉRIEURE

DU RECTUM

ÉTUDE SUR L'EXTIRPATION

DE

L'EXTRÉMITÉ INFÉRIEURE

DU RECTUM

PAR

Le Dr A.-H. MARCHAND

Prosecteur à l'amphithéâtre d'anatomie des hôpitaux,
Ancien interne des hôpitaux et hospices civils,
Ex-prosecteur et lauréat de l'Ecole de médecine de Tours,
Prix Tonnelé (médaille d'or, médaille de vermeil,
médaille d'argent, 1864-1865).

PARIS

LIBRAIRIE J.-B. BAILLIÈRE ET FILS,

19, rue Hautefeuille, 19, près le boulevard Saint-Germain.

—

1873

ÉTUDE SUR L'EXTIRPATION

L'EXTRÉMITÉ INFÉRIEURE DU RECTUM

INTRODUCTION.

L'extirpation de l'extrémité inférieure du rectum est une de ces opérations qui ont été et sont encore l'objet de vives critiques de la part de certains auteurs. Louée peut-être à l'excès par les uns, elle est, on peut le dire, dépréciée outre mesure par d'autres. Elle est à peine mentionnée par des classiques anglais très-répandus : Curling et Holmes ne s'occupent d'elle que pour la condamner sans merci.

En France elle a été fort diversement appréciée. Jusqu'à Lisfranc on entrevoyait à peine la possibilité de l'exécuter. A partir de l'époque où ce chirurgien la créa en quelque sorte et la vulgarisa, elle fut pratiquée un grand nombre de fois, et peut-être d'une façon abusive dans bien des cas par son auteur lui-même. De graves insuccès la firent tomber non complètement en oubli, mais la reléguèrent sur un plan secondaire, et la firent considérer comme un de ces moyens dont l'emploi peu régulier doit être un peu laissé à des appréciations toutes personnelles.

Depuis la substitution des méthodes qui préviennent un

des plus grands dangers qu'elle fasse immédiatement courir, l'hémorrhagie, elle s'est relevée de l'oubli où elle était tombée.

Nous nous proposons de rechercher dans ce travail, si réellement elle mérite tout le dédain avec lequel la traitent certains chirurgiens, quelles doivent être les règles de son emploi, la mesure de son utilité.

Nous aurons donc à étudier dans des chapitres successifs :

1° Les diverses méthodes et procédés à l'aide desquels on doit l'exécuter;

2° Les accidents qui peuvent immédiatement la suivre;

3° Les indications auxquelles elle répond, et ce qu'on peut attendre d'elle ;

4° Enfin nous terminerons par l'exposé succinct des observations sur lesquelles repose ce travail. Quelques-unes sont encore inédites, tandis que les autres nous ont été fournies par la littérature française et étrangère. Nous tenons à remercier publiquement M. le professeur Verneuil pour les renseignements précieux qu'il a bien voulu nous communiquer et pour la bienveillance avec laquelle il a mis sa riche bibliothèque à notre disposition.

HISTORIQUE.

Ce fut Lisfranc qui, en 1826, pratiqua le premier avec succès l'excision d'un rectum cancéreux. Longtemps avant lui elle avait été tentée, mais sans succès, puisqu'un chirurgien qui, du temps de Morgagni, l'avait entreprise, ne put la mener à bonne fin. Desault et Boyer la déconseillaient. Boyer la croyait constamment impossible ou nuisible. Desault ne croyait l'extirpation possible que pour les tumeurs bien circonscrites mobiles, dont il est facile d'atteindre tous les prolongements.

Cependant Faget, en 1739, avait excisé 1 pouce et demi

en longueur de l'extrémité inférieure du rectum. Il est vrai que dans ce cas il ne s'agissait point d'une opération réglée, mais de la simple résection des parois de l'intestin, dénudées par un vaste abcès qui, successivement, avait occupé les deux fosses ischio-rectales. Malgré cela, le malade guérit parfaitement, et les fonctions de la défécation purent, après la guérison, s'accomplir régulièrement. Pinault, dans une excellente thèse soutenue en 1829, donna les résultats de la pratique de son maître. Il exposa avec soin les règles d'après lesquelles il avait vu procéder, et rapporte neuf observations qui sont toutes pourvues d'un grand intérêt. Lisfranc, quelque temps après, publia un mémoire inséré dans la *Gazette médicale* de 1832, qui n'est que le résumé de la thèse de son élève.

En 1839, Velpeau, dans son Traité de médecine opératoire, exposa une modification fort heureuse qu'il avait fait subir à l'opération de Lisfranc. Il donne de plus les résultats de sa pratique personnelle, qui étaient relativement peu encourageants. Il rappelle les cas de cette opération qui avaient été publiés à l'époque où parut son livre.

En 1842 parut la thèse d'un des élèves de Récamier, Massé. Il donne une description détaillée de la façon dont Récamier pratiquait l'extirpation du rectum par la ligature permanente. Il rapporte de plus une observation intéressante que nous donnons dans le cours de ce travail.

La même année parut la thèse de Vidal (de Cassis) sur le cancer du rectum. Ce chirurgien juge sévèrement l'opération de Lisfranc, et n'en conseille l'application que dans des cas très-rares. Il n'apporte, du reste, aucun fait nouveau, ne trouve les éléments de sa critique que dans ceux publiés jusqu'alors et dans quelques mensurations entreprises par lui pour vérifier les données de Lisfranc relativement à la hauteur à laquelle se trouve le cul-de-sac péritonéal.

En 1854, M. Chassaignac appliqua à l'extirpation du rectum la méthode de l'écrasement linéaire.

En 1852 était paru un premier mémoire de Schuh sur le cancer papillaire du rectum qui renferme deux observations intéressantes d'extirpation de cette portion d'intestin.

En 1860, M. Maisonneuve faisait publier les résultats de la ligature extemporanée dans la thèse d'un de ses élèves, M. Cortès. Outre trois observations, ce travail renferme des détails précis sur la méthode employée par M. Maisonneuve.

En 1865, M. Dolbeau inspira à M. Fumouze une thèse qui renferme, outre trois cas d'extirpation du rectum, exécutés suivant le procédé de Denonvilliers des renseignements très-circonstanciés sur son exécution.

A l'étranger, Schuh publiait un nouveau mémoire en 1864 sur le cancer du rectum et les diverses méthodes opératoires qui lui sont applicables. Enhardi par l'expérience et des résultats heureux, ce chirurgien essaie d'élargir le cadre des indications qui permettent l'opération. Depuis Lisfranc, du reste, aucune modification sérieuse n'avait été introduite dans le chapitre des indications; on avait plutôt restreint qu'étendu le nombre des cas où l'on croyait que la chirurgie pût intervenir avec fruit.

En 1864 parut un mémoire de Nussbaum de Munich, dans lequel se trouvent discutées les indications de l'opération. Cet auteur rapporte quatre observations très-intéressantes, et qui dénotent chez ce chirurgien une hardiesse qui fut à plusieurs reprises couronnée de beaux succès. Nous aurons à revenir sur ces faits à diverses reprises.

M. Verneuil fit exposer enfin dans les thèses de deux de ses élèves, MM. Raymond et Desbuchère, les résultats de sa pratique, et en même temps les modifications si importantes qu'il a fait subir aux procédés ordinaires.

CHAPITRE PREMIER

MÉTHODES OPÉRATOIRES

On peut ranger sous quatre chefs les méthodes qui ont été mises en usage pour pratiquer l'extirpation de l'extrémité inférieure du rectum. Toutes sont caractérisées par l'emploi d'un moyen exérésique spécial. Lisfranc se servit de l'instrument tranchant; Récamier préconisa la ligature; M. Chassaignac appliqua à cette opération l'instrument qu'il avait inventé. Enfin plusieurs chirurgiens employèrent la galvano-caustique. M. le professeur Verneuil, combinant l'emploi des deux derniers moyens, a constitué en quelque sorte une méthode nouvelle à laquelle il doit déjà plusieurs succès.

Avant de décrire le manuel opératoire qui convient à l'emploi de chacune de ces méthodes, rappelons quelques détails d'anatomie chirurgicale dont il est indispensable de se bien souvenir pour apprécier avec exactitude les parties que doit intéresser l'acte opératoire et celles qu'il doit respecter.

Les données que nous allons rappeler sont simplement approximatives pour ce qui regarde les mensurations. Cela ne paraîtra certainement pas étrange à tous ceux qu'ont frappés comme nous les contradictions des auteurs les plus compétents à propos de l'anatomie du périnée, de la situation et des dimensions de ses parties. Et ceuxlà même qui, comme nous aussi, auront cherché à se rendre compte sur le cadavre de la réalité des choses, comprendront pourquoi nous sommes restés quelque peu dans le vague, aimant mieux côtoyer la vérité sans l'at teindre que de courir le risque de nous en écarter beaucoup.

Quelles que soient les méthodes qu'aient employées les anatomistes (*congélation*, Legendre, *fixation par des tiges métalliques*, Richet ; *durcissement par les acides*, Jarjavay), ils n'ont pu encore éviter les déformations cadavériques de la région et surtout rendre aux muscles de l'anus leur tonicité, leur longueur réelle et par conséquent reproduire l'occlusion de cet orifice, sa fixation dans le point qu'il occupe pendant la vie. Il est en outre certain que les rapports des organes du périnée varient énormément suivant la conformation individuelle des sujets disséqués, suivant leur embonpoint, suivant l'état habituel de déplétion ou de vacuité de la vessie et du rectum, etc., etc.

L'anus est situé immédiatement en arrière de la ligne bi-ischiatique à 0^m,04 environ du coccyx. Ce n'est point un simple orifice, mais bien un véritable canal qu'on n'apprécie bien que sur le vivant en introduisant le doigt dans le rectum. On constate ainsi que le doigt est serré sur une longueur de 12 millimètres (Gosselin) (1) et même plus si le sujet en expérience contracte volontairement les fibres sous-cutanées du sphincter. Le canal anal est en effet évasé aux deux bouts ; dans l'état de repos, la partie moyenne seule est fermée. L'on sait que la virole musculaire qui forme le sphincter interne remonte plus haut et descend moins bas que le sphincter externe, en sorte que les deux muscles ne se correspondent que partiellement et justement au point le plus étroit du canal anal.

L'anus peut être dilaté facilement, mais pendant la contraction de ses sphincters, il est solidement fixé par les raphés qui l'unissent en arrière au coccyx, et en avant, par

---

(1) Article *Anus*, Nouveau Dictionnaire de méd. et de chir. pratiques.

l'intermédiaire des muscles transverses, bulbo-caverneux,
soit aux ischions, soit à l'aponévrose de Carcassonne. Ces
raphés ne sont pas seulement superficiels mais aussi pro-
fonds ; ce sont presque des cloisons médianes où viennent
aboutir : en arrière les fibres des muscles ischio-coccygien,
releveur et sphincter superficiel ; en avant, celles du transverse, du bulbo-caverneux, du sphincter et du releveur.
Ce dernier muscle par les insertions qu'il prend sur les
côtés du rectum contribue également à le maintenir dans
sa position.

Quand l'anus se dilate par exemple pour le passage du
bol fécal, il semble se porter en arrière, car il est soutenu
en avant par la sangle que forment les deux muscles
transverses unis sur la ligne médiane.

Le canal anal se continue en haut en s'évasant rapidement avec la dernière portion du rectum dont il fait
partie pour un grand nombre d'auteurs.

La portion périnéale de l'intestin est courte, mais variable dans sa longueur ; elle se termine au niveau de la pointe
de la prostate, c'est-à-dire après un trajet total de $0^m,03$ à
peu près. (Sappey, etc.)

Le rectum se recourbe ensuite derrière la prostate,
remonte derrière l'aponévrose prostato-péritonéale, dans
l'intervalle des vésicules séminales engaînées par cette
aponévrose appliquée à la vessie ; bientôt il gagne le cul-de-
sac du péritoine, et la séreuse recouvre sa face antérieure
sans toutefois y adhérer considérablement.

Les chirurgiens se sont depuis longtemps préoccupés
des rapports du bulbe uréthral et de la distance qui le
sépare de l'orifice externe de l'anus. A vrai dire, ces
deux parties n'étant pas sur le même plan et le rectum
se rapprochant de l'urèthre dans la profondeur du périnée,
la question est ainsi mal posée. Pour la taille médiane comme pour la taille bilatérale ou prérectale, comme

aussi pour l'extirpation du rectum, ce qu'il importe de connaître, c'est la distance non pas ano-bulbaire mais bien recto-bulbaire. Puisqu'en effet il faut passer entre le bulbe et le rectum, c'est le plus court intervalle entre ces deux parties qu'il faut mesurer. Dolbeau (1) intéressé à trouver grand cet intervalle lui donne 15 millimètres, et nous croyons que son chiffre est plutôt fort que faible. De là l'indication, dans la taille prérectale, de *disséquer* la paroi antérieure de l'intestin ; de là, la pratique peut-être inconsciente des chirurgiens qui, taillant sur la ligne médiane font bien une incision cutanée de 0,03 centimètres mais qui aussitôt le cathéter senti, et on le peut sentir avant d'avoir découvert le bulbe, se bornent à faire une simple ponction dans la partie postérieure de la plaie.

Un autre point doit nous arrêter un instant. Jusqu'où descend le péritoine sur le rectum ? Ou autrement, s'il était admis qu'on ne peut enlever du rectum que la portion située au-dessous du cul-de-sac péritonéal, combien de centimètres d'intestin pourrait-on extirper ?

Sanson l'inventeur de la taille recto-vésicale avait fixé la distance du cul-de-sac péritonéal à 0^m,11 de l'anus (2). Cependant nous lisons dans la Médecine opératoire de Sabatier et Dupuytren, édition Sanson et Bégin (3), quelque chose de plus raisonnable. D'abord, cette distance est réduite à 32 lignes, c'est-à-dire 70 millimètres en moyenne; ensuite il est à remarquer, fait aujourd'hui démontré, que pendant la double vacuité du rectum et de la vessie, le péritoine descend fréquemment jusqu'à la prostate ; il est dit aussi que la réplétion de l'un ou de l'autre de ces réservoirs relève le cul-de-sac, mais beaucoup moins qu'on ne le pourrait croire au premier abord.

(1) Nouvelle manière d'opérer les calculs.
(2) Des moyens de parvenir à la vessie par le rectum, 1817.
(3) Tome IV, p. 218 et 219, 1832.

Lisfranc (1) attribue à la portion sous-péritonéale du rectum une longueur de 0,11, chiffre encore accepté aujourd'hui par M. Richet (2) qui s'appuie à tort sur l'autorité de Malgaigne puisque celui-ci n'admet ce chiffre que pour les cas où la vessie est distendue (3).

Mais, il faut bien le dire, la majorité des anatomistes n'accepte pas un chiffre aussi élevé.

Velpeau (4), Béraud et Velpeau (5), Huschke (6), Legendre (7), M. Sappey (8), ont donné des chiffres à peu près concordants. L'intervalle compris entre ce cul-de-sac et l'anus, dit M. Sappey, varie de 5 à 6 centimètres, quand la vessie est vide, et ne dépasse guère 8 centimètres quand elle est distendue. Vraisemblablement, il s'agit ici de sujets ordinaires, sous le rapport de l'embonpoint, c'est-à-dire de l'épaisseur du tissu sous-cutané du périnée. Notre ami Farabeuf, prosecteur à l'École pratique de la Faculté, a fait quelques recherches dont les résultats viennent corroborer l'opinion que nous venons de rapporter en dernier lieu. Dans un cas il a vérifié de la manière la plus nette que le cul-de-sac péritonéal pouvait descendre jusqu'à la prostate et cela non sur un enfant mais sur un vieillard. Sur ce sujet très-amaigri, la distance qui séparait le péritoine de la surface extérieure du périnée était, pendant la vacuité de la vessie et du rectum, de $0^m,03$ (3 centimètres). La séreuse descendait un peu derrière la prostate ; les deux vésicules séminales étaient renversées horizontalement en dehors.

(1) Mémoire sur l'excision de la partie inférieure du rectum, *Gaz. médic.*, 1830, p. 338.
(2) Traité prat. d'anat. chirurgicale, 4e édit., 1872, p. 599.
(3) Anatomie chirurgicale, tome II, p. 497.
(4) Anatomie chirurgicale, t. II.
(5) Anatomie chirurgicale, p. 496.
(6) Encyclopédie anatomique, t. V, Splanchnologie, p. 308.
(7) Anatomie homolographique.
(8) Anatomie descriptive, 2e édition, tome IV, p. 265.

Sur un autre sujet, d'âge moyen et d'embonpoint modéré, pouvant être considéré comme le type ordinaire de l'homme que la mort a surpris en bonne santé, l'épaisseur du périnée était de 75 millimètres, la vessie était vide et le cadavre étendu. Une première injection d'un demi-litre d'eau dans la vessie, releva le cul-de-sac de 10^{mm}, ce qui porta l'épaisseur du périnée à 85^{mm}. Une nouvelle injection également d'un demi-litre, qui parut distendre la vessie à son maximum, releva le cul-de-sac de 20^{mm}, ce qui porta la distance du péritoine à la peau à 105^{mm}, le sujet étant couché horizontalement. En plaçant le sujet dans la position de la taille, la peau du périnée s'étalait et se rapprochait du péritoine, car dans les trois cas, vacuité, semi-réplétion et réplétion complète, l'épaisseur du périnée était moindre de 10 à 15^{mm} dans cette position que dans le décubitus dorsal. Par exemple, la vessie étant à peu près vide, l'instrument mensurateur donnait 60^{mm} dans la position de la taille, tandis qu'il en donnait 75, le sujet reposant simplement étendu sur le dos.

Ce que nous venons de dire regarde spécialement le sexe masculin. Chez la femme, le rectum est adhérent en avant à la paroi postérieure du vagin dont on peut le décoller laborieusement il est vrai. Le péritoine descend derrière le vagin dans l'étendue de 2 à 3 centimètres. Comme le vagin est très-extensible, si l'on refoule l'utérus en haut on relève le cul-de-sac péritonéal comme lorsqu'on remplit la vessie. Dans l'état de repos des organes, on peut estimer avec M. Sappey à 6 centimètres la portion sous-péritonéale du rectum.

De sorte que dans les deux sexes, on ne pourrait enlever sans danger plus de 6 centimètres d'intestin si l'on ne pouvait décoller la séreuse qui le tapisse. Mais ce décollement est possible et explique comment on a pu remonter à plus de 10 centimètres sans ouvrir la séreuse, tandis qu'on l'a ouverte quelquefois en extirpant seulement les 5 ou 6 derniers centimètres du rectum.

Dans l'extirpation du rectum, on est quelquefois mené à tirer fortement sur l'extrémité anale pour attirer au dehors la partie supérieure du mal. Il est intéressant de savoir que cette traction n'abaisse pas sensiblement le cul-de-sac péritonéal qui reste soutenu sur les côtés par les fibres des ligaments de Douglas et les vaisseaux qui viennent d'arrière en avant vers la prostate ou le col de l'utérus.

Pendant la traction, le cul-de-sac péritonéal s'abaisse à peine de quelques millimètres (Sappey), que le releveur de l'anus soit coupé en partie ou en totalité; et pourtant dans ce dernier cas, on arrive facilement, au moins nous nous en sommes assuré sur le cadavre, à faire saillir au dehors 3 ou 4 centimètres de rectum. Pendant la cicatrisation on voit la peau s'enfoncer en même temps que l'intestin s'abaisse pour se réunir avec elle, pourvu toutefois que la portion retranchée ne soit pas trop considérable.

La région péritonéale postérieure est pourvue de vaisseaux artériels nombreux mais relativement peu importants. Ceux qu'on peut léser pendant les dissections des parois latérales et postérieures du rectum, sont les branches hémorrhoïdales inférieures de la honteuse interne. En avant, outre les rameaux les plus antérieurs des hémorrhoïdales, on divise une artère à trajet récurrent qui de la transverse du périnée se dirige vers le rectum. Lorsque l'excision porte sur des portions relativement élevées de l'intestin, elle intéresse les branches terminales de l'hémorrhoïdale supérieure qui souvent sont assez volumineuses. Dans un cas de M. Dolbeau, plusieurs ligatures durent être appliquées sur les extrémités divisées de ces artères; l'auteur ajoute que si la ligature de ces vaisseaux n'avait pu être faite, le malade aurait probablement succombé à l'hémorrhagie.

Les veines de la région sont très-développées, elles sont d'autant plus importantes, que souvent les affections qui nécessitent l'excision du rectum sont survenues chez des hémorrhoïdaires.

Extirpation à l'aide de l'instrument tranchant.
(Méthode de Lisfranc.)

Faget qui le premier excisa l'extrémité inférieure du rectum fit une opération de nécessité et que conséquemment il ne put soumettre à des règles précises. Le double abcès qui avait contourné l'intestin avait été ouvert par deux incisions parallèles aux parois rectales, de sorte qu'il n'eut à couper qu'un pont de peau qui se trouvait encore en arrière du côté du coccyx.

Il passa une anse de fil à travers l'intestin, puis il emporta la portion libre sans que rien se produisît, qu'il ait jugé digne de remarque.

Ce fut donc bien véritablement Lisfranc qui pratiqua le premier l'extirpation du rectum cancéreux et créa une méthode qui, imparfaite d'abord, fut plus tard régularisée par lui.

Il se servit en effet, pour le premier malade qu'il opéra, d'un procédé qu'il ne devait plus employer. Il eut l'idée d'amener au dehors la masse morbide en déterminant une sorte d'inversion forcée du rectum et là de l'exciser directement.

Pour arriver à ce but, il introduisit dans le rectum le plein d'une compresse carrée qu'il bourra de bourdonnets de charpie. Puis il exerça une traction sur cette masse qui se trouvait placée derrière l'anus, pour abaisser ou mieux renverser l'intestin et amener au dehors sa paroi interne.

Cette manœuvre n'ayant point pu réussir, il introduisit un doigt dans l'anus, et pendant que le malade se livrait à de violents efforts de défécation, il exerçait de son côté avec le doigt recourbé en crochet des tractions qui finirent par amener le mal au dehors.

Le bourrelet pathologique fut excisé au moyen de ciseaux courbés, au milieu d'une hémorrhagie considérable.

Depuis, Lisfranc créa le procédé auquel il convient de laisser son nom.

Voici comment il l'exécutait :

Le malade était couché sur le côté, les cuisses à demi fléchies. Un nombre suffisant d'aides devaient présenter les instruments, tendre les téguments, etc.

Il faisait, à une distance variable de l'anus et suivant l'épaisseur des parties à enlever, deux incisions semi-elliptiques qui se rejoignaient en avant et en arrière. Puis les parois rectales étaient séparées des tissus voisins par une dissection attentive. Le sphincter, s'il était possible, était ménagé en partie ou en totalité. L'index, introduit alors dans l'anus, exerçait des tractions qui faisaient saillir l'extrémité du rectum, au dehors de l'excavation ischio-rectale. Quand le mal était superficiel ou ne montait pas très-haut, cette traction suffisait pour mettre à nu la production pathologique dans sa totalité.

La portion renversée était divisée en arrière et les parties malades excisées avec de forts ciseaux. Lorsque le cancer remontait plus haut ou qu'il envahissait toutes les tuniques de l'intestin et adhérait plus ou moins aux parties environnantes, le rectum, disséqué comme précédemment, était fendu en arrière, avec des ciseaux. Cette incision longitudinale était portée au delà des limites du mal, qu'elle permettait d'apprécier exactement. Elle facilitait en outre l'incision horizontale qui devait séparer les parties à enlever.

Lisfranc était dans l'habitude d'attendre que l'hémorrhagie abondante qui se fait pendant la dissection eût cessé avant d'achever l'opération par la section transversale.

Il pratiquait autant que possible la ligature des artères, à mesure qu'elles étaient divisées et arrêtait l'hémorrhagie en nappe souvent très - abondante, par l'application d'éponges imbibées d'eau froide; il pouvait ainsi beaucoup mieux apprécier l'état des parties malades. Pendant la section horizontale, le rectum était fixé avec des érignes qui en même temps le maintenaient abaissé.

Lorsque l'opération était pratiquée sur une femme, un aide était chargé de faire saillir la paroi postérieure du vagin, au moyen de deux doigts introduits dans sa cavité. Il devait également avertir le chirurgien de la distance qui existait entre le bistouri et ses doigts.

Lisfranc éprouvait parfois des difficultés considérables à mener à bien certaines opérations entreprises dans des conditions mauvaises. Dans un cas, par exemple, où l'intestin fixé aux parties voisines ne put être éliminé, et où il dut le disséquer *in situ*, l'opération fut des plus laborieuses, bien que pour se créer de l'espace il eût pratiqué l'incision ano-coccygienne, que Denonvilliers devait plus tard ériger en précepte.

Lisfranc attendait, pour appliquer le pansement, que tout écoulement de sang eût cessé. Puis il recouvrait la plaie d'un linge fenêtré enduit de cérat, de quelques plumasseaux de charpie, et fixait le tout au moyen d'un bandage.

Velpeau conseillait d'introduire dans l'anus une mèche, dès le premier pansement, tandis que Lisfranc ne le faisait que plus tard, pendant la cicatrisation de la plaie, et pour empêcher que l'anneau inodulaire ne vînt à se rétracter trop fortement.

Mandl, de Greifswald, dans l'extirpation qu'il fit d'une portion élevée de l'intestin (3 pouces), fit placer le malade sur les coudes et sur les genoux, dans la position qu'un peu plus tard devait recommander Denonvilliers. Puis, l'excision faite, il fixa l'extrémité du rectum par deux fils à la peau de l'anus. Il plaça dans sa cavité une canule de corne longue de 4 pouces, et disposa de la charpie entre cet instrument et les surfaces de la plaie.

Procédé de Velpeau. — Velpeau, une fois les incisions extérieures pratiquées, commençait par fendre en arrière la production carcinomateuse. Puis il la saisissait avec de fortes érignes ou avec le doigt et l'amenait au dehors. Une aiguille courbe lui servait ensuite à passer une série de fils de haut en bas ou du rectum vers la peau. Ces fils devaient être passés à une certaine distance du mal. Puis la production pathologique était excisée au-dessous. Leurs extrémités étaient nouées, et par conséquent la muqueuse et la peau affrontées.

Quand le mal s'étendait plus haut, on disséquait d'abord comme dans le procédé ordinaire, jusqu'à une certaine distance. C'est alors que les fils étaient posés d'espace en espace sur la portion saine du rectum détaché, puis de haut en bas au travers de la lèvre cutanée de la plaie. Le cancer était séparé, les fils étaient noués, et par la traction qu'ils exerçaient les lèvres de la peau et de la muqueuse se trouvaient accolées.

Velpeau attribuait à ce procédé l'avantage de combler immédiatement la plaie, ou tout au moins d'en réduire de beaucoup l'étendue, de rendre les hémorrhagies moins faciles, la guérison plus prompte, la réaction moins sérieuse, et de diminuer l'étendue du cercle cicatriciel.

Procédé de Denonvilliers. — Denonvilliers faisait placer le patient à genoux sur un table garnie d'un matelas. L'extrémité antérieure du corps était abaissée de façon à faire reposer la tête sur le plan du lit. Un nombre suffisant de coussins ou d'oreillers soutenait le malade qui devait incliner la tête de façon qu'elle reposât sur le côté.

Le périnée ainsi rendu saillant, les fesses étaient écartées, le chirurgien se plaçait à droite du malade, ayant en face de lui un aide chargé d'éponger et de pratiquer les ligatures.

Une incision, partant de la pointe du coccyx, était menée jusqu'au niveau de la paroi postérieure du rectum. A ce niveau, ou plutôt de l'extrémité de cette incision cutanée postérieure, on faisait partir deux incisions semi-elliptiques, destinées à se rejoindre en avant de l'anus. Puis un doigt était introduit dans le rectum et l'intestin séparé des parties environnantes. Cette dissection accomplie, comme le faisait Lisfranc, l'intestin était fendu suivant le sens de sa longueur par une section pratiquée à l'aide de forts ciseaux droits, le long de sa paroi postérieure. Cette incision avait pour but de mettre à nu les limites du mal et de se rendre un compte exact des adhérences de l'intestin malade en avant.

Enfin, on terminait par une section transversale la séparation des parties saines d'avec les parties malades; la dissection de la paroi antérieure se trouvait singulièrement simplifiée dans ce procédé, puisque l'on s'était créé un large espace dans lequel on manœuvrait à l'aise et dans lequel on pouvait lier les vaisseaux à mesure qu'ils étaient divisés.

On introduisait une sonde dans l'urèthre de l'homme, quand on supposait que cela pût devenir utile.

Telle est la façon dont s'exécute la méthode sanglante, ainsi que les divers procédés qui l'ont perfectionnée. Nous allons exposer maintenant les règles applicables aux autres méthodes que, par opposition, on pourrait qualifier de non sanglantes.

La première de ces méthodes qui ait été appliquée à l'extirpation du cancer du rectum est celle de la ligature lente.

Ce fut Récamier qui créa ce procédé et le mit en usage. Nous n'avons pu recueillir qu'un seul fait où cet auteur ait fait usage de la ligature lente. Cette observation, que nous empruntons à la thèse de Massé, met parfaitement en relief la façon dont se pratique l'opération, ainsi que ses avantages et ses inconvénients. Aussi allons-nous la rapporter ici, afin que l'on puisse immédiatement juger les règles de la méthode et ce qu'elle peut fournir.

Ire OBS. — Tumeur carcinomateuse du rectum (thèse de Massé, année 1842).

Mme N..., 34 ans, très-affaiblie. Un de ses frères est mort d'une maladie carcinomateuse du rectum.

Sauf une constipation habituelle, elle a joui d'une santé parfaite jusqu'en mars 1841. A cette époque, les selles devinrent douloureuses ; elles étaient suivies d'un sentiment de cuisson. Lorsque M. Roux l'examina, le 15 juillet 1841, il constata au toucher la présence d'une tumeur dure, résistante, située à la partie inférieure et postérieure du rectum, et en pratiqua l'ablation au moyen du bistouri.

Le mal récidiva et voici l'état dans lequel se trouvait Mme N..., sept mois après l'opération, le 12 février 1842 :

L'ouverture anale est boursouflée ; une végétation de mauvaise nature fait saillie à la partie postérieure ; un liquide sanieux sanguinolent, qui s'écoule par l'ouverture anale, oblige la malade à rester toujours garnie.

Le doigt, introduit dans le rectum, peut facilement reconnaître un tissu fongueux, ulcéré, envahissant toute la partie inférieure et moyenne de la paroi postérieure du rectum, et ses bords latéraux. Mais ce tissu n'empiète nullement sur la paroi recto-vaginale. Cette espèce de fer à cheval, qui embrasse la paroi postérieure et inférieure de l'intestin, assez large à son centre, étroit à ses deux extrémités, paraît s'étendre jusqu'au tissu cellulaire et aux muscles qui environnent cette partie du rectum. Du reste, il est si bien limité et si bien placé pour une opération que M. Récamier la propose et presse la malade de consentir à la ligature.

Mme N... est on ne peut plus craintive ; elle a déjà subi les douleurs de l'instrument tranchant, et pour tout au monde elle ne voudrait s'y soumettre. La ligature est proposée et acceptée.

La malade est placée sur son lit comme pour l'opération de la fistule à l'anus. La peau, désorganisée par le caustique, est divisée avec l'instrument tranchant, avant même que la malade se soit aperçue que l'on avait commencé. Alors portant les deux doigts de la main gauche dans le rectum pour y guider l'instrument, M. Récamier enfonce de la main droite une aiguille de Deschamps sur l'un des côtés latéraux, dans un point assez rapproché de la cloison recto-vaginale, presque sur la limite du tissu sain et du tissu malade.

L'aiguille est ramenée jusqu'au dehors du rectum, de façon à venir présenter son chas à l'introduction du double cordon préparé, suivant le précepte, de couleurs différentes. Avant de retirer l'aiguille, M. Récamier a la précaution de faire toucher par M. Blandin, afin qu'il puisse contrôler et s'assurer que l'aiguille a dépassé le tissu malade; puis l'aiguille est retirée et les deux fils qu'elle a introduits sont immédiatement séparés. On passe de la sorte cinq autres fils, toujours avec les mêmes précautions et la même attention de bien dépasser les parties malades. Puis des anses sont formées à la partie interne, en nouant les deux fils séparés, de façon à se trouver dans l'intestin, les serre-nœuds sont passés et rangés en couronne à la partie externe et l'on opère la constriction.

L'opération dura près d'une heure et arracha à la malade des cris si aigus, si multipliés, qu'ils ressemblaient à de la frénésie.

On ordonna une potion calmante contenant dix gouttes de laudanum de Sydenham.

Les douleurs nerveuses furent si considérables que la malade se tordait, criait sans cesse et avait des moments de délire. En douze heures, elle avait pris 25 gouttes de laudanum, et ses douleurs ne cessaient pas. L'afflux qu'avait déterminé l'opération vers les organes génitaux déterminait une dysentérie et un besoin d'uriner qui obligeait à la sonder à chaque instant, mais ses urines coulaient à peine. Le pouls prenait de la fréquence, les yeux se tournaient. De l'eau froide fut appliquée dans cette circonstance. En moins de deux heures, on fit boire trois grandes carafes d'eau pure; et bientôt les urines arrivèrent si abondamment que l'on fût obligé de laisser la sonde à demeure. L'agitation céda, un peu de moiteur survint et la malade s'endormit.

A dater de ce moment jusqu'à la chute des ligatures, plus d'accidents qui méritent d'être mentionnés. La base de la tumeur était très-large et les pédicules très-épais ; on fut obligé, pour hâter la chute de la tumeur, de resserrer plusieurs fois les fils. La seconde constriction fut très-douloureuse.

En réfléchissant sur la cause de cette nouvelle douleur, on pensa que le frottement des serre-nœuds contre les tissus sains qui étaient coupés et par conséquent à vif pourrait bien être pour quelque chose. Dans les constrictions suivantes, on entoura de charpie le bout des serre-nœuds, avant d'appuyer et de resserrer, et la douleur fut beaucoup moindre. Les ligatures tombèrent le 23 février, septième jour de l'opération, et la plaie qui en résulta laissa voir une portion notable de tissu suspect que les fils n'avaient pu dépasser ; une seconde opération était indispensable.

Sous prétexte d'examiner la plaie et d'y établir une compression, on fit mettre la malade dans une position convenable et, sans l'avertir, la seconde opération fut pratiquée. On forma neuf pédicules afin que la section en fût plus rapide ; mais comme la malade, dont le courage était épuisé, se refusa aux constrictions successives qui avaient accéléré la marche des premières, ces secondes ligatures furent neuf jours avant de tomber. On avait eu la précaution de vider l'intestin avant la seconde opération, et on en avait retiré des matières fécales parfaitement moulées, qui prouvaient que, malgré la secousse nerveuse de la première opération, le tube digestif n'en avait point ressenti d'impression fâcheuse. A la chute des nouvelles ligatures, nous pûmes constater que quelques parcelles de mauvais tissu restaient groupées à l'entour du coccyx ; il n'y avait point à songer à de nouvelles ligatures : la malade s'y refusait formellement, et d'ailleurs le siége du mal les rendait impraticables.

On apaisa le système nerveux par quelques bains courts et doux qui firent le plus grand bien, et on détruisit les restes suspects en appliquant pendant sept ou huit heures, à deux reprises différentes, des mouches de chlorure de zinc.

L'application des cataplasmes émollients accéléra la chute des eschares que le caustique avait produites et bientôt on eut une magnifique plaie qui fut pansée avec du cérat et un gros tampon de charpie. La perte de substance était telle que le poing tout entier entrait facilement dans la cavité produite. Tout cela se répara ; les fesses se rapprochèrent, une cicatrice des plus résistantes se forma rapidement ; le sphincter supérieur du rectum étant conservé permit la rétention des garde-robes et donna même des matières moulées. Dès le mois d'avril, Mme N..., parfaitement guérie, sollicita et obtint la permission de retourner dans sa famille.

Mme N... a repris un teint frais et toutes les apparences d'une constitution bien portante.

On voit que le temps difficile et imparfait de cette opération, outre les autres inconvénients qu'elle peut présenter, consiste dans le passage des fils en arrière de la tumeur. On n'est jamais sûr, en effet, dans ce sens, d'avoir atteint les limites du mal, d'avoir passé les fils à une distance suffisante des tissus dégénérés. Récamier fit construire une longue et forte aiguille qui a conservé son nom et qu'il utilisait pour ce temps de l'opération. Les deux cordonnets très-forts, de couleur différente, étaient entraînés par l'aiguille. L'un de leurs chefs sortait par l'anus, l'autre restait au dehors. Les deux chefs internes des cordonnets de même couleur étaient liés ensemble, de façon à constituer des anses qu'une traction exercée sur les chefs restés en dehors reportait dans l'intestin. Ces anses circonscrivaient les limites supérieures du mal par une série d'arcades destinées à diviser les tissus par suite de la constriction que leur faisait exercer le serre-nœud. On voit combien, malgré la destruction préalable de la peau par le caustique, la constriction des parties fut douloureuse et leur séparation lente à s'effectuer.

Méthode de l'écrasement linéaire.

M. Chassaignac avoue qu'il a été longtemps arrêté dans l'application de sa méthode à l'extirpation du rectum, par la difficulté qu'il y a à pédiculiser un pareil genre de tumeurs. Voici du reste à quelles règles définitives cet auteur s'est arrêté.

Le malade étant fixé dans la même position que pour la taille périnéale, la région anale relevée et bien à découvert, un trocart courbé est introduit en arrière de l'anus, et arrivant dans l'intestin au-dessus des parties malades, traverse la paroi postérieure du rectum; puis il est poussé de nouveau à la même hauteur vers la paroi antérieure qu'il perfore, et est ramené vers le périnée en avant de l'anus. La canule du trocart sert à conduire la chaîne de

l'écraseur qui doit diviser en deux portions égales et latérales, par un écrasement vertical, le bourrelet de tissu
morbide.

Il reste maintenant à pédiculiser chacune des deux moitiés de la tumeur. Pour cela l'auteur traverse chaque
moitié à sa base et dans les parties saines, au moyen d'un
trocart courbe dirigé transversalement, et sortant par
l'orifice anal considérablement agrandi par l'incision
antéro-postérieure. Le trocart courbe, au-dessous duquel
on place une anse de fil, suffit souvent pour pédiculiser
l'une des moitiés de la tumeur.

Dans les cas où la pédiculisation est insuffisante au
moyen d'un seul trocart, on fait passer, mais alors dans
le sens antéro-postérieur, un second trocart dont la direc-
tion coupe perpendiculairement celle du trocart transversal.

C'est au-dessus de ces deux convexités, l'une antéro-
postérieure, l'autre transversale, qui, toutes deux, sont
dans les parties saines, un peu au delà des limites du mal,
que vient passer l'anse de pédiculisation sur laquelle on
applique la chaîne de l'écraseur.

Quand la partie malade de l'intestin atteint une hauteur
plus considérable, il serait difficile de ramener de haut en
bas le trocart courbe, sans intéresser les tissus dégénérés.

L'auteur conseille alors de fa irepasser dans la canule du
trocart, et lorsqu'il est parvenu dans la cavité du rectum,
une bougie uréthrale fine qui entraîne un fil, lequel se
trouve à cheval sur la moitié postérieure de l'intestin qu'il
embrasse en formant une anse dont la concavité regarde
en bas. Une manœuvre analogue permet de placer un fil
en avant, qui embrasse également la paroi antérieure de
l'intestin. On a alors deux anses possédant chacune deux
chefs qui descendent de la cavité rectale vers l'anus, et
deux chefs qui pendent au dehors, à l'orifice d'entrée du tro-

cart. Les deux chefs internes de ces anses sont solidement noués et reportés dans l'intestin par une traction exercée sur les chefs placés en dehors. Puis, à l'extrémité de l'anse simple ainsi constituée, on attache la chaîne d'un écraseur, qui est entraînée dans la position qu'elle occupait. Le reste de l'opération ne diffère pas de ce qui a été décrit précédemment.

Procédé de la ligature extemporanée (Maisonneuve).

M. Maisonneuve emploie pour l'extirpation du rectum le procédé suivant qui ne diffère que par son mode d'exécution de la méthode de l'écrasement linéaire :

1º Il place le malade couché sur le dos les cuisses relevées de manière à rendre bien accessible la région anale. Puis une incision qui ne comprend que l'épaisseur des téguments est pratiquée sur le pourtour de l'anus, de façon à circonscrire les parties qui doivent être enlevées.

2º Dans un deuxième temps, M. Maisonneuve, à l'aide d'une sonde cannelée et d'un stylet aiguillé, ou bien au moyen d'une aiguille de Récamier, passe en dehors de la tumeur une série de fils distants de 2 centimètres dont l'une des extrémités, la supérieure, est ramenée au dehors par l'orifice anal, l'inférieure restant pendante dans le sillon qui circonscrit les parties malades. Il en résulte une série d'anses dont la concavité regarde en bas et qui embrassent de distance en distance le pourtour de la tumeur ; ces fils constituent ce que l'auteur nomme les fils provisoires.

3º Le chirurgien passe alors les liens qui doivent opérer la constriction et la division des tissus. Il choisit de préférence une ficelle de chanvre de 1 millimètre de diamètre

Cette ficelle doit avoir une longueur de 2 mètres environ.

Il attache le long de cette ficelle les extrémités internes pendantes des fils provisoires, ces attaches doivent être placées à une distance de 0. 40 cent. les unes des autres. Puis, successivement on exerce une traction sur le chef externe du fil, celui qui pend à l'extérieur. La ficelle se trouve ainsi entraînée par l'anus pour ressortir au dehors en suivant le trajet du fil provisoire sous forme d'une anse qui est immédiatement coupée. Lorsque tous les fils ont été ainsi attirés, la tumeur se trouve circonscrite par une série d'arcades dont la concavité regarde en bas et dont les extrémités libres pendent dans l'incision périnéale.

4° Les chefs de chacune de ces anses sont passés dans l'anneau d'un constricteur du serre-nœud de Græfe légèrement modifié par l'auteur, et fixés au crochet de la vis.

Puis par une constriction rapide, il sectionne les tissus compris dans l'anse. Quand toutes les anses ont achevé leur section la tumeur tombe en bloc laissant une excavation plus ou moins irrégulière qui ne laisse suinter que peu de sang.

M. Maisonneuve est dans l'habitude pour hâter ce temps de l'opération, d'employer autant de constricteurs qu'il existe d'anses ; il les fait manœuvrer successivement de manière à exercer sur chaque anse une forte constriction sans toutefois aller jusqu'à diviser les tissus.

Quand toutes ont été ainsi successivement serrées, il revient au premier constricteur pour achever la section, en portant la constriction à l'extrême, puis il passe au deuxième et ainsi de suite jusqu'à ce que la tumeur soit complètement détachée.

La plaie est pansée au moyen de bourdonnets de charpie disposés autour d'une canule introduite dans l'intérieur de l'intestin ; le tout est fixé au moyen d'un bandage en T.

Combinaison de l'instrument tranchant et de l'écrasement linéaire.

M. Péan, chirurgien de l'hôpital Saint-Louis, a eu l'occasion de pratiquer l'extirpation du rectum dans certains rétrécissements rebelles à tout autre moyen de traitement.

Il combine dans son opération l'emploi de l'instrument tranchant avec celui de l'écraseur.

Il pratique avec le bistouri, comme dans les autres procédés, une double incision circonscrivant l'anus, puis les fibres du sphincter étant ménagées autant que possible, il isole l'intestin en arrière et latéralement de façon à dépasser les limites du mal. Pour la section médiane postérieure, il se sert de l'écraseur dont la chaîne est passée au moyen du trocart articulé. Pendant cette section le rectum est fixé de chaque côté par deux larges pinces plates et fenêtrées.

La section postérieure exécutée, il procède à la dissection de la paroi antérieure qu'il divise ensuite par un second trait de chaîne vertical. Des pinces hémostatiques en nombre suffisant sont disposées le long des bords de ces incisions.

Puis le rectum, libéré dans une certaine étendue au-dessus des parties à retrancher, est fixé au moyen de pinces longues et fortes, au-dessous desquelles sont passées deux chaînes horizontales destinées à compléter le détachement complet des lambeaux latéraux.

L'hémostase étant obtenue définitivement, le rectum abaissé est fixé à la peau au moyen de sutures métalliques suffisamment rapprochées pour que l'affrontement soit bien exact.

Ce chirurgien introduit ensuite dans le rectum une canule métallique tout autour de laquelle est disposée de la charpie longue, de façon à constituer une mèche volumineuse qui exerce une compression excentrique sur les parois de l'intestin.

Au lieu de charpie, des éponges bien fines et de petit volume sont disposées tout autour de l'anus et appliquées sur le bord de la suture qu'elles compriment légèrement.

Extirpation par l'anse galvano-caustique.

L'exécution de cette opération nécessite outre un appareil galvano-caustique, des aiguilles longues et fortes, droites et courbes; de petits trocarts recourbés, des pinces, des érignes, des pinces de Museux, etc.

On place le malade et on dispose les aides comme pour l'opération sanglante.

La production pathologique est partagée en trois ou quatre portions suivant son volume. Chacune de ces parties doit être embrassée par l'anse galvanique et détachée par elle. Une aiguille portant un fil de platine est introduite en avant dans la portion du périnée voisine de l'intestin, une autre l'est en arrière à l'extrémité postérieure de l'anus, vers la cavité du rectum qu'elle doit traverser au-dessus des parties malades : puis elle est saisie par une pince ou par les doigts et ramenée à l'extérieur. On a ainsi deux anses de fil de platine verticales et destinées à diviser de haut en bas, en avant et en arrière, l'intestin malade. Si l'introduction de l'aiguille est rendue difficile en raison du rétrécissement excessif de l'intestin ou de la hauteur trop considérable à laquelle atteint la production pathologique, on la remplace par un trocart courbe qui est introduit comme l'aiguille, et par la canule duquel on passe le fil de platine. On ferme ensuite le courant et le pont des parties molles est divisé. Cette section doit s'accomplir lentement pour éviter toute hémorrhagie.

Puis chacune des deux moitiés de l'intestin est de nouveau divisée de la même façon, et cela en autant de fragments qu'on le juge nécessaire.

Chacune des parties de la tumeur est ensuite saisie et fixée par de fortes érignes ou à l'aide d'une pince de Museux. Une anse galvanique est disposée autour de chaque segment, qui se trouve ainsi pédiculisé et détaché en son entier.

La réaction suivant Schuh est beaucoup moins forte après l'extirpation exécutée ainsi qu'après l'emploi de l'instrument tranchant. La guérison est moins rapide cependant en raison de l'impossibilité dans laquelle on se trouve de rétrécir la plaie sur l'affrontement des surfaces sectionnés.

Combinaison de la galvano-caustique et de l'écrasement linéaire.
(Méthode de M. le professeur Verneuil.)

M. le professeur Verneuil a successivement modifié ses procédés suivant les cas. Il a commencé par extirper avec trois coups de chaîne la cloison recto-vaginale. C'était une extirpation partielle relativement facile.

Une autre fois, le mal, également limité, occupait la paroi latérale de l'intestin, il fallait le circonscrire de quatre côtés, en avant, en arrière, en haut et en dehors. Il fut facile de l'isoler en avant et en arrière par deux traits verticaux de la chaîne, puis en haut par une anse transversalement placée au-dessus des limites de l'induration. Le passage de cette dernière chaîne fut déjà laborieux, mais bien moins encore que celui de la quatrième, destinée à

séparer la paroi rectale des parties molles de la fosse ischio-
rectale. La peau surtout se coupe très-difficilement avec
l'écraseur, et pour peu que l'induration présente une certaine épaisseur, on s'expose à ne pas en dépasser les limites
et à faire ainsi latéralement une extirpation incomplète.

C'est pourquoi, si l'on est à peu près certain de faire
convenablement avec la chaîne les deux sections de la paroi rectale, il est bien préférable d'isoler la face extérieure
de la tumeur à l'aide d'une dissection faite à ciel ouvert de
dehors en dedans, de bas en haut, c'est-à-dire de la peau
vers les parties profondes. A la vérité, c'est justement de
ce côté que l'on s'expose à rencontrer des vaisseaux importants, les branches des artères hémorrhoïdales inférieures et moyennes, et même supérieures si la dissection
remonte assez haut.

Pour faciliter ce temps et le rendre plus innocent,
M. Verneuil employa le couteau galvanique et parvint
ainsi très-facilement et sans effusion de sang à isoler en
dehors la masse morbide. C'est ainsi qu'il procéda pour
faire l'ablation de toute l'extrémité inférieure du rectum
dans le cas relaté dans la thèse de M. Raymond.

Depuis ce moment, M. Verneuil se sert toujours du galvano-cautère qu'il associe à l'écraseur même dans les ex-
tirpations partielles, et il eut à se louer beaucoup de cette
combinaison dans un cas rapporté dans la thèse de M. Desbuchère. On peut également faire avec le couteau rougi
les deux sections destinées à isoler la tumeur de la portion
de muqueuse rectale restée saine en avant et qu'on croit
pouvoir conserver. On ne se sert de l'écraseur que pour
sectionner transversalement la muqueuse rectale au-dessus de la tumeur.

Enfin, dans une opération récente, pour faciliter l'isolement périphérique assez difficile de la tumeur et la section transversale non moins laborieuse, M. le professeur

Verneuil mit en usage l'opération préliminaire de Denonvilliers, c'est-à-dire la division des téguments sains de la région coccygienne avec cette différence qu'il remplaça l'incision linéaire par la formation d'un lambeau trapézoïde et qu'il se servit de couteau galvanique à la place de bistouri.

En résumé, M. le professeur Verneuil décrit à part deux procédés, l'un pour l'extirpation totale et l'autre pour l'extirpation partielle de l'extrémité inférieure du rectum. Voici comment il résume sa description.

Extirpation totale (1). — 1er temps. — On plonge un trocart courbe sur la ligne médiane, en arrière, au niveau de la pointe du coccyx, et on traverse ainsi la peau, les couches sous-cutanées et la paroi rectale au-dessus des limites du mal. On fait ressortir le trocart par l'anus, on passe une chaîne d'écraseur qui divise verticalement la paroi rectale et les parties molles qui la recouvrent en arrière.

2° temps. — Même ponction sur la ligne médiane en avant. On conduit la pointe du trocart entre la tumeur et la prostate chez l'homme ou la paroi vaginale chez la femme. On traverse directement le vagin si la partie recto-vaginale est envanie; on perfore la paroi rectale au-dessus des limites du mal; on fait ressortir le trocart par l'orifice anal, on passe une chaîne verticalement et on fait la section antérieure de la tumeur sur la ligne médiane. Après ces deux temps, la tumeur est séparée en deux moitiés latérales.

3° temps. — Incision elliptique allant de la surface cutanée à la profondeur et isolant le rectum de ses connexions périphériques. Cette incision est faite au galvano-cautère,

(1) Ce procédé a déjà été décrit dans la thèse de M. Raymond et dans celle de M. Desbuschère, mais avec quelques inexactitudes que l'auteur a bien voulu rectifier.

lentement, à petits coups ; on la porte aussi haut que possible, c'est-à-dire au-dessus des limites supérieures du mal.

4ᵉ temps. — Les deux moitiés de la tumeur ne tiennent plus que supérieurement ; on passe de chaque côté une chaîne transversale, perpendiculaire à l'axe de l'intestin, qu'on a grand soin de placer au-dessus des limites du mal et bientôt l'extirpation est achevée.

Extirpation partielle. — 1ᵉʳ temps. — Incision courbe au galvano-cautère, pratiquée à une distance plus ou moins grande de la marge de l'anus et parallèle à cette marge. Ses deux extrémités doivent dépasser de 1 centimètre environ les limites du mal. On divise de cette manière la peau et les couches sous-cutanées et on remonte aussihaut que possible vers les limites supérieures de la tumeur.

2ᵉ temps. — On sépare la tumeur de la partie saine de la paroi rectale à l'aide de deux sections verticales faites avec la chaîne et qui doivent porter sur le rectum à 1 centimètre au moins de la circonférence de la masse morbide. Pour conduire ces chaînes, on se sert d'un trocart courbe qu'on introduit de bas en haut au niveau des extrémités de l'incision cutanée et auquel on fait traverser les parois intestinales au-dessus de la limite supérieure de la tumour déjà isolée en dehors, avec un trait de chaîne transversal comme dans le procédé précédent.

La situation de la tumeur en avant, en arrière ou sur les côtés, modifie quelque peu le manuel. Si la tumeur occupe la paroi postérieure du rectum on facilite beaucoup la dissection périphérique en divisant les téguments de la région ano-coccygienne par une incision préliminaire verticale ou la formation d'un lambeau. Il serait possible d'agir de même en avant et de s'ouvrir une large voie pour disséquer plus aisément le bulbe, la portion membraneuse et la prostate.

Si la tumeur remonte très-haut en arrière, on peut faire la résection de la pointe du coccyx. On fait une incision verticale au niveau du coccyx avec le galvano-cautère et on dénude cet os dans une étendue assez grande pour qu'on puisse en faire la résection avec une pince de Liston; puis, avec un trocart, on fait une ponction au niveau de l'extrémité supérieure de la région coccygienne, en passant au-dessus de la tumeur, et avec l'écraseur on fait une section verticale postérieure. De cette façon, la circonférence de la tumeur se trouve divisée en deux parties latérales.

Les temps peuvent être intervertis, c'est-à-dire qu'on peut commencer soit par les sections verticales, soit par l'incision cutanée. On peut ne conduire tout d'abord celle-ci qu'à une certaine profondeur, l'abandonner pour faire manœuvrer l'écraseur, puis reprendre le couteau galvanique. Lorsqu'on est parvenu très-haut, hors de la portée de la vue, on peut isoler la paroi rectale avec le doigt ou des instruments mousses.

Si, lorsque la tumeur ne tient plus que par en haut, cette dernière attache est trop volumineuse, on peut la diviser en deux portions qu'on coupe avec deux chaînes.

Si on ouvre un vaisseau et qu'on ne puisse l'arrêter avec le couteau galvanique on en fait la ligature de la manière ordinaire. En tout cas, il est utile après l'extirpation terminée de toucher la plus grande partie de la plaie, au moins ses parties inférieures avec le fer rouge. Cette pratique donne à l'opération une grande bénignité.

Afin que l'on puisse saisir bien exactement comment procède M. Verneuil et les diverses phases par lesquelles a passé sa méthode avant d'arriver à l'état actuel, nous allons rapporter ici les principales observations de l'auteur

Celles que nous empruntons à diverses sources et qui déjà ont été publiées, sont abrégées dans leurs diverses parties, à l'exception cependant de ce qui concerne le manuel opératoire.

Les deux derniers faits sont relatifs à des malades qui sont encore actuellement dans les salles de la Pitié, où leur guérison s'achève. La première de ces observations qui toutes deux sont inédites nous a été communiquée par notre excellent collègue M. Lemaître. Nous avons nous-même recueilli la dernière, après avoir assisté à la clinique que M. le professeur Verneuil fit à ce sujet et à l'opération qui suivit.

IIᵉ Obs. (Verneuil). *Bulletin de la Société de chirurgie*, 18. — Tumeur maligne de la cloison recto-vaginale.

Femme de 61 ans, souffre depuis huit mois, lorsque le chirurgien l'examine.

Le pourtour de l'orifice anal est le siège d'une rougeur érythémateuse assez forte ; l'ouverture de l'anus est très-contracté en apparence et masqué en avant par deux tumeurs aplaties d'avant en arrière, séparées par une scissure profonde, reposant sur un fond carcinomateux. La production morbide remonte à 5 centimètres de hauteur dans le rectum ; elle forme une masse volumineuse occupant toute la moitié antérieure de l'intestin et ayant au moins 4 centimètres dans son diamètre transversal. Le doigt sort couvert de sanie sanguinolente. La moitié postérieure de la circonférence du vagin est envahie, et sa muqueuse est adhérente ; elle est même perforée dans un point ; la tumeur occupant à peu près les trois quarts de la cloison recto-vaginale, et ayant près de 4 centimètres d'épaisseur. Elle paraît appartenir à la classe des épithéliomas.

L'opération est tentée le 5 septembre. Le chloroforme administré, la malade fut couchée sur le côté gauche au bord de son lit, et dans l'attitude usitée pour l'opération de la taille. Le chirurgien introduit dans le rectum un spéculum univalve, la gouttière tournée vers le vagin et maintenue par un aide qui dilate l'intestin ; le spéculum servant de gorgeret, il enfonce un trocart à travers la cloison recto-vaginale. Le poinçon retiré, il conduisit à travers la canule une sonde flexible munie d'un fil qui entraîna la chaîne d'un écraseur droit ; puis la section fut commencée après avoir incisé la peau, elle dura quinze minutes. Il s'écoula peu de sang. L'espace étant assez grand, la tumeur est attirée au dehors avec des érigues, circonscrite avec un écraseur courbe, et détachée au bout de dix-sept minutes. Deux petites tumeurs restaient à la partie supérieure de l'excavation, elles furent enlevées, et la malade perdit un peu de sang, parce qu'on se servit du bistouri pour l'une d'elles. La pression du doigt arrêta l'hémorrhigie.

L'opération terminée, l'excavation qui n'avait pas moins de 10 centimètres d'avant en arrière, sur 7 de hauteur, fut remplie mollement de charpie ; un épais plumasseau imbibé d'eau fraîche, des compresses, un bandage en T, terminèrent le pansement. L'opération avait duré une heure.

La malade l'avait bien supportée ; elle prit le lendemain du bouillon, du bordeaux, une côtelette, le tout fut bien digéré. Les suites de l'opération furent très-naturelles.

Cette femme eut une récidive une année après son opération. Une extirpation nouvelle du mal fut entreprise par M. Verneuil. Elle paraît cette fois avoir été suivie d'une guérison définitive.

La malade fut revue au bout de deux ans ; elle était toujours affectée d'incontinence, mais se montrait en somme très-heureuse de son état.

IIIᵉ Obs. (Verneuil, thèse de Raymond). — Cancer annulaire de la partie inférieure du rectum, enlevé à l'aide du galvano-cautère et de l'écrasement.

C... (Eugénie), 16 ans. La malade dit que de 10 à 13 ans elle avait eu une tumeur à l'anus qui sortait et rentrait alternativement. Depuis, aucune souffrance.

En mai 1867, elle éprouva des élancements dans le rectum, des coliques très-fortes, ses selles devinrent douloureuses. Constipation opiniâtre. Écoulements sanguins après chaque garde-robe. Actuellement la malade est grêle, petite. On sent au toucher rectal des tumeurs, dures, bosselées, s'imbriquant les unes dans les autres. Elles entourent l'extrémité inférieure du rectum, constituant un rétrécissement qui rend la sortie des matières très-difficile et très-douloureuse. Le doigt ne peut atteindre que difficilement les limites du mal. Afin de procurer un soulagement momentané à la malade, M. Verneuil fit l'opération suivante le 20 janvier 1868.

Sur la ligne médiane allant du coccyx à l'anus, M. Verneuil fait avec le bistouri une incision de la peau; puis un spéculum univalve étant introduit dans l'anus, il fait pénétrer un trocart courbe dans le rectum, sur la paroi latérale gauche du coccyx. Le trocart, guidé sur le spéculum, sort par l'anus. On le retire alors et par l'intermédiaire de la canule, on fait passer une chaîne d'écraseur dans le rectum. L'incision de la paroi du rectum et de la région périnéale postérieure est faite en dix-neuf minutes.

L'incision étant faite, on voit que la partie inférieure du rectum est entourée entièrement de tumeurs bosselées très-dures. Le doigt introduit dans le rectum passe très-facilement et remonte dans la partie supérieure. L'orifice anal est sain.

24 janvier. La malade est soulagée, peut aller facilement à la garde-robe. Les coliques ont diminué. Difficultés pour uriner.

Le 23. État général bon. La malade urine avec facilité.

8 février. La malade va bien. Légères douleurs dans le rectum et quelques coliques.

A un nouvel examen, le doigt atteint bien les limites de l'induration en arrière. En avant, cela est moins facile; le doigt, porté un peu profondément, peut saisir les tissus indurés et les abaisser vers l'anus. Sur les côtés, le doigt est serré contre la surface de la tumeur, dont on atteint les limites, mais plus difficilement du côté gauche.

Le toucher vaginal fut pratiqué en même temps, et on trouva que la paroi recto-vaginale était envahie par l'induration et ne pouvait être isolée.

Malgré l'étendue des tissus indurés, considérant la santé satisfaisante de la malade depuis l'incision de la région périnéale postérieure, et avec la conviction que la malade succomberait fatalement aux progrès du mal, M. Verneuil se décida à enlever la partie inférieure du rectum.

Opération le 11 mars 1868. La malade étant couchée sur le côté gauche, et la cuisse droite fléchie sur la fesse, M. Verneuil fait une ponction avec un trocart courbe au niveau de la commissure antérieure de l'anus, passe au-dessus du périnée, puis, après avoir pénétré dans le vagin, ponctionne la cloison recto-vaginale au-dessus de la tumeur, et fait ressortir le trocart par l'orifice anal. Une chaîne d'écraseur est passée à travers ce trajet, et on pratique ainsi une section verticale antérieure de la tumeur. Pendant qu'un aide fait manœuvrer cet écraseur, M. Verneuil fait avec le galvano-cautère une incision verticale d'environ 4 centimètres au niveau du coccyx, dénude cet os et en fait la résection avec une pince de Liston. Puis, continuant la dissection des parties latérales du coccyx et de la tumeur, en partie avec le galvano-cautère, en partie avec les doigts, il fait une ponction avec le trocart au niveau de la région coccygienne en passant au-dessus de la tumeur, et avec un deuxième écraseur fait une section verticale postérieure.

De cette façon, la circonférence de la tumeur se trouve divisée en deux moitiés latérales. La moitié latérale gauche formant à peu près les deux tiers de son volume.

M. Verneuil dissèque alors la partie antérieure gauche de la tumeur et avec une chaîne d'écraseur fait une section transversale de la paroi rectovaginale et de la partie latérale antérieure de la tumeur. De cette manière, la partie latérale gauche dont le volume était le plus considérable se trouve divisée en deux parties.

Pendant que les aides font manœuvrer les écraseurs, M. Verneuil continue la dissection des parties latérales avec le galvano-cautère, en ayant soin de cautériser à plat les artérioles qui donnent un peu de sang. La tumeur une fois isolée, on applique une chaîne d'écraseur au-dessus de chaque pédicule, de façon à en pratiquer la section transversale. Malheureusement, à la fin de la section de la partie latérale gauche qui remontait très-haut, M. Verneuil s'aperçoit qu'il a ouvert le péritoine et en fait la suture.

L'opération, grâce à l'emploi combiné du galvano-cautère et de l'écraseur, s'effectua sans écoulement sanguin. Après l'extirpation, il resta une vaste cavité comprenant les fosses ischio-rectales et la cavité vaginale, au centre de laquelle se trouve l'orifice du rectum.

Traitement. De la charpie est placée sur les parois latérales de la plaie; de manière à empêcher les matières fécales de se répandre.

Le soir, à quatre heures, douleurs abdominales.

12 mars. Vomissements bilieux, ballonnement du ventre, coliques abdominales, rétention d'urine. Pouls à 130.

Mort le 13 mars.

Autopsie. — Lésions de la péritonite; intestins rouges, injectés, distendus par les gaz. Le mésentère étant enlevé, on trouve du pus dans le petit bassin.

IVᵉ Obs. (Verneuil, thèse de Desbuchère).

Femme de 60 ans, entrée le 3 août 1871.

Cette malade souffre depuis plusieurs années d'une constipation opiniâtre; elle éprouve des douleurs lancinantes dans la région rectale, et a considérablement maigri.

M. Verneuil, ayant reconnu l'existence d'un épithélioma rectal, se décida à l'oprer le 9 août.

La tumeur occupe les trois quarts de la circonférence du rectum. Elle embrasse ses parties postérieure et latérales. Mais la cloison recto-vaginale n'est pas envahie par le néoplasme. En hauteur, le mal s'étend à 4 centimètres environ.

L'extirpation de la partie inférieure du rectum étant jugée praticable, M. Verneuil y procède de la manière suivante.

Il circonscrit l'anus par une incision en forme de fer à cheval, à l'aide du galvano-cautère, en respectant la cloison recto-vaginale, dont la destruction aurait donné lieu à la formation d'un cloaque.

L'incision est faite progressivement et avec lenteur, à l'aide du couteau galvanique, maintenu autant que possible au rouge brun, ce qui permet de ne pas couper les tissus trop rapidement et d'éviter ainsi l'écoulement sanguin. Aucune artère volumineuse ne donne pendant l'opération. La malade perd à peine deux palettes de sang fourni par les petits vaisseaux.

La tumeur étant complètement circonscrite, on arrive sur les côtés, et la dissection ayant dépassé les limites supérieures du mal, on pratique également avec le couteau galvanique deux sections verticales de bas en haut, pour séparer des parties malades, la bandelette longitudinale de la muqueuse rectale accolée à la cloison recto-vaginale et restée saine.

La portion malade de l'intestin ne tenant plus que par sa partie supérieure, on attire en bas la masse morbide par une traction simple, et on jette une chaîne d'écraseur aussi haut que possible. En quelques minutes, la partie inférieure du rectum se trouve détachée, la portion enlevée comprend environ 5 centimètres d'intestin.

La plaie est bourrée mollement avec de la charpie imbibée d'eau alcoolisée.

Température axillaire immédiatement après l'opération, 36°5. Le soir, 38°2.

La malade guérit sans avoir présenté le moindre phénomène fébrile.

Elle sortit le 24, quinze jours après l'opération, sa plaie marchait vers une rapide cicatrisation.

Ve Obs. (Verneuil). — Epithéliome du rectum (inédite). — Recueillie par notre collègue, M. Lemaître.

Homme de 54 ans, 10, salle Saint-Louis. Ce malade s'est toujours bien porté. Il se plaint d'avoir souffert longtemps d'hémorrhoïdes internes. C'est à elles qu'il attribue les pertes de sang fréquentes qu'il éprouvait pendant la défécation. Il s'aperçut, il y a un an, de la présence d'une petite tumeur à la marge de l'anus, tumeur qui a pris un développement asscz rapide. Depuis l'apparition de cette tumeur, le malade n'a ni maigri, ni perdu ses forces. Il n'a remarqué aucun changement dans sa santé.

A la partie postérieure de la marge de l'anus, on voit une petite tumeur bifurquée, ulcérée à son milieu, dure, qui n'a aucune ressemblance avec des hémorrhoïdes, mais qui pourrait très-bien être prise pour un condylome syphilitique. Si l'on pratique le toucher rectal, on sent que cette petite tumeur se prolonge à 3 centimètres sur la face postérieure du rectum ; qu'elle n'est que la partie inférieure et la plus petite d'une grosseur dure, lisse, bilobée, très-adhérente au rectum. Avec le doigt, on la limite parfaitement sur les côtés ; en haut, le sommet qui est large, bifurqué aussi, fait saillie dans le rectum. Les tissus voisins sont souples et paraissent sains.

Comme la tumeur est très-accessible aux moyens chirurgicaux, M. Verneuil propose l'opération, qui est pratiquée le 29 janvier. Dans cette opération, M. Verneuil ne s'est pas servi du bistouri, mais du galvano-cautère et de l'écraseur.

Après que le malade eut été couché sur le côté droit, la cuisse droite dans l'extension et la gauche dans la flexion, un gros spéculum américain fut appliqué sur la partie antérieure de l'anus. M. Verneuil, à l'aide du galvano-cautère, fit une incision semi-circulaire conscrivant les deux tiers postérieurs de l'anus. Puis, pour donner du jour, au lieu de faire l'incision préliminaire de Denonvilliers, c'est-à-dire faire tomber sur l'incision semi-circulaire une incision commençant au coccyx, M. Verneuil tailla un petit lambeau coccygien au moyen de deux incisions partant de chaque côté du coccyx et venant rejoindre la première incision. M. Verneuil pensait que l'extrémité inférieure de ce lambeau, attirée en haut et en dedans par le travail de la cicatrisation, se réunirait peut-être à la muqueuse rectale sectionnée, ce qui diminuerait le temps de la cicatrisation. Le lambeau ayant été relevé, il fut facile de séparer la paroi postérieure du rectum des parties environnantes au moyen du galvano-cautère, et d'arriver jusqu'aux limites du mal. On plaça deux chaînes d'écraseur de chaque côté de la tumeur qui la séparèrent complètement de la partie antérieure de la muqueuse rectale. Les tissus malades n'étaient donc plus maintenus en place que par leur partie supérieure. On plaça une troisième chaîne d'écraseur qui, réunissant l'extrémité supérieure des deux incisions latérales, sépara complètement la tumeur des tissus sains.

Pendant l'opération, le malade perdit très-peu de sang. Comme pansement, on met dans la plaie un peu de charpie imbibée d'eau alcoolisée, et on fait trois ou quatre fois par jour des injections désinfectantes.

L'examen micrographique a montré que la tumeur était un épithéliome tubulé.

Les jours suivants, le malade n'a aucun accident inflammatoire. La température axillaire a rarement dépassé 38°. Autour de la plaie, les tissus sont restés souples, et il n'y a eu de la rougeur que dans une étendue d'environ 1 centimètre. Trois ou quatre jours après l'opération, les eschares superficielles produites par la brûlure se détachent, et la plaie bourgeonne. Dès le soir de l'opération, le malade fut pris de rétention d'urine.

Depuis cette époque, rien d'alarmant ne s'est fait remarquer; pas de fièvre; sommeil, appétit. Le malade ne retient pas ses matières fécales, mais il ne souffre pas en les rendant.

Aujourd'hui, 6 mars, la plaie est rétrécie beaucoup. Le lambeau coccygien s'est réuni par ses bords avec ceux de l'incision; son sommet s'est recourbé légèrement en dedans. Le malade a bon appétit; il se lève une partie de la journée.

VI⁰ Obs., personnelle. (Verneuil.) — Salle Saint-Louis, n° 54.

Homme de 48 ans, avait toujours joui d'une excellente santé et n'avait jamais éprouvé d'accidents du côté du rectum; il commença à ressentir, il y a environ quatre mois, de la gêne dans l'acte de la défécation. Il ne s'aperçut qu'accidentellement, deux ou trois mois avant son entrée, qu'il existait au pourtour de l'anus une petite dureté qui l'inquiéta. A part un peu de gêne et un peu de douleur, les fonctions de la défécation continuèrent du reste à s'accomplir à peu près normalement. Le malade prétend n'avoir jamais eu aucun écoulement par le rectum; ses selles sont parfois seulement recouvertes d'un peu de sang et de mucus.

En examinant la région anale, on voit sur le côté gauche de cet orifice, et un peu en avant, un nodule très-peu saillant, du volume d'une petite noisette, recouvert par la peau qui ne présente aucune altération.

Par le toucher, on sent qu'à cette nodosité fait suite une série de bosselures occupant la paroi antérieure de l'intestin et s'étendant un peu sur les parties latérales gauche et droite. Ces bosselures ne font qu'une saillie légère qui ne rétrécit que médiocrement l'intestin. La plus volumineuse occupe la partie supérieure de la plaque carcinomateuse. Ces nodosités sont disposées en une sorte de cercle circonscrivant une ulcération en forme de cratère. Elle est profonde et peut loger toute la hauteur de la première phalange.

La muqueuse rectale semblait saine et non adhérente au niveau des bosselures.

L'opération fut pratiquée le mercredi 5 mars de la façon suivante. Le malade, placé sur le bord de la table d'opération dans la position de la taille, fut anesthésié. Puis M. Verneuil introduisit dans le rectum un long spéculum univalve qui rejeta en arrière la paroi postérieure de cet intestin et découvrit largement les parties sur lesquelles devait porter l'action.

M. Verneuil, au moyen du couteau caustique, traça en avant de l'anus une incision semi-circulaire, distante des bords de l'orifice anal d'environ 2 centimètres.

Des extrémités latérales de cette première division furent conduites deux petites incisions verticales qui divisèrent la marge de l'anus. Puis il continua la dissection ou plutôt l'isolement de la paroi rectale. Arrivé sur les limites du mal, comme celui-ci remontait très-haut, il dut libérer la portion voisine de l'intestin au moyen de tractions modérées exercées avec le doigt. Le mal étant ainsi isolé, deux chaînes d'écraseurs droits opérèrent deux sections verticales qui séparèrent les parties qu'on devait enlever, de la paroi postérieure du rectum.

Une pince de Museux permit de fixer ensuite l'intestin et de l'abaisser.

La chaîne d'un écraseur courbe fut glissée au moyen du doigt jusque sur la partie supérieure saine, et la division transversale fut opérée. Un cautère ardent fut ensuite promené sur toute la surface de la plaie, et le pansement effectué. La pièce isolée formait un lambeau à peu près rectangulaire; les sections verticales et supérieures avaient bien dépassé les limites du mal. En haut, notamment, il existait une zone de paroi rectale normale de près d'un centimètre.

La production pathologique représentait exactement ce que le toucher avait reconnu, c'est-à-dire une série de nodules durs disposés en cercle autour d'une ulcération profonde qui avait détruit une grande partie de l'épaisseur du tissu morbide à son centre. Celui-ci était dur, blanchâtre, criant sous le scalpel, présentant du reste tous les caractères du carcinome fibreux.

Deux préoccupations comme on vient de le voir dominent le chirurgien quand il vient à entreprendre l'extirpation du rectum et ont inspiré les modifications qu'a successivement subies le procédé primitif. C'est: 1° de se créer une voie qui lui permette de mettre largement à nu des parties à enlever; 2° de se garder autant que possible de l'un des accidents opératoires les plus graves, l'hémorrhagie.

Lisfranc avait cru suffisant pour atteindre le premier but, d'attirer en dehors le rectum par des tractions, puis de le fendre en arrière pour mieux apprécier les limites du mal et pratiquer avec plus de facilité la section transversale.

Il éprouva parfois de grandes difficultés puisque dans un cas, la nécessité le contraignit à pratiquer en arrière de l'anus cette incision libératrice que Denonvilliers plus tard devait si vivement recommander. Il n'usa de cette incision du reste qu'à titre de moyen exceptionnel et ne pensa nullement à en constituer une modification de son procédé. Mandl eut également recours à la même pratique.

Ce fut Denonvilliers qui montra la supériorité de cette manière de faire et en constitua une des principales règles de l'opération. Il en fit ressortir parfaitement les avantages en montrant que non-seulement de cette façon on pouvait remonter bien plus facilement jusqu'aux limites du mal, lorsqu'il était élevé et les dépasser, mais qu'en outre on se donnait un espace dans lequel il devenait facile de lier les vaisseaux à mesure qu'ils sont divisés. Il montra également combien elle facilite la dissection de la paroi antérieure du rectum, qui constitue le temps le plus délicat. Il devait être bien difficile le plus souvent, quand on procédait comme Lisfranc, de séparer minutieusement le rectum de l'urèthre, de la prostate, voire même du bas-fond de la vessie et du péritoine. On n'exécutait ce temps important qu'au fond d'une plaie anfractueuse remplie de sang ; tandis que, même en procédant avec l'instrument tranchant, quand la partie postérieure du périnée a été débridée, il est possible d'arrêter toute hémorrhagie avant de procéder à la séparation de la paroi antérieure. M. le professeur Verneuil a apprécié tous ces avantages, puisque non-seulement il procède ainsi en se servant du galvano-cautère, mais qu'il a eu l'heureuse idée de tailler un lambeau postérieur pour augmenter l'espace que donne l'incision simple.

Nussbaum a également débridé le périnée en avant ; il fait une incision longitudinale qui prolonge en avant l'extrémité des deux incisions semi-elliptiques. M. Verneuil a l'intention de circonscrire un lambeau triangulaire antérieur analogue à celui qu'il pratique en arrière, quand il s'agira dorénavant d'emporter la paroi antérieure seule du rectum.

Autant que la mobilité de l'intestin le permet, il est bon après les opérations pratiquées au moyen de l'instrument tranchant, de suivre les recommandations de Velpeau et de réunir à la plaie cutanée l'extrémité inférieure de l'intestin. Il ne doit pas toujours être facile de le faire ; quand l'excision porte un peu haut il est souvent peu aisé d'exécuter cet affrontement. Les sutures qui sont pratiquées dans ces cas ne tardent pas à se désunir et l'intestin à remonter vers le fond de la plaie. Mais lorsque l'on ne doit pas atteindre des hauteurs aussi considérables, la chose devient facile. La largeur des surfaces traumatiques se trouve très-réduite, les hémorrhagies deviennent plus rares. Enfin les rétrécissements consécutifs sont en partie prévenus.

Les autres méthodes n'ont été appliquées à notre opération que dans le but de prévenir les hémorrhagies qui sont si fréquentes et si graves dans cette région. Ce fut d'abord Récamier qui employa la ligature. A en juger par le peu d'observations que nous avons trouvées cette méthode n'aurait pas été souvent mise en usage. Elle est, du reste passible des reproches que l'on fait d'une façon générale à la ligature lente. Son action peu rapide, très-douloureuse, peut s'accompagner d'accidents graves. De plus il est souvent difficile dans son application de reconnaître si on a atteint les limites du mal.

L'application de la méthode de M. Chassaignac à l'extirpation du rectum constitue un véritable progrès. Cependant l'emploi de l'écraseur offre souvent des difficultés presque insurmontables. Lorsque les parties à enlever remontent très-haut, il n'est pas facile de passer l'anse qui doit isoler les parois du rectum, la pédiculisation en un mot devient presque impossible.

Les anses galvaniques sont passibles du même reproche. De plus on ne peut guère savoir si la chaîne, le fil ou l'anse ainsi introduits, ont bien dépassé les tissus malades. Dans l'observation de Récamier, que nous rapportons plus haut, ce chirurgien qui devait cependant avoir une grande habitude de son procédé, laissa en dehors des ligatures, une partie de la production pathologique; il dut recommencer quelque temps après une opération aussi longue et aussi douloureuse que la première et qui laissa encore cependant une partie du mal qui dut être détruite par le caustique.

La méthode inaugurée par M. Verneuil réunit tous les avantages de l'écrasement linéaire et de la galvano-caustique. De plus elle permet d'agir avec une précision aussi parfaite qu'avec l'instrument tranchant, et c'est là un avantage considérable. On peut avec le couteau galvanique disséquer aussi minutieusement qu'avec le bistouri, avec cette différence à son avantage que cette dissection se fait à sec, et permet à chaque instant d'apprécier exactement l'état des parties sur lesquelles on opère.

Passons rapidement en revue certains détails opératoires.

Les chirurgiens ne placent pas tous les malades de la même façon. Lisfranc les faisait coucher sur le côté, les cuisses fléchies. Denonvilliers les couchait sur le ventre qui était soutenu et relevé par des oreillers ou des coussins destinés à faire saillir le périnée. M. Verneuil et plusieurs autres chirurgiens font placer le malade dans la position de la taille. Il est difficile de décider quelle est celle de ces positions qu'on doit préférer.

Nonobstant les affirmations de Fumouze, nous pensons que l'anesthésie, surtout si elle doit être prolongée pendant un certain temps, peut présenter des inconvénients dans la situation que Denonvilliers donnait à ses malades.

Les divers modes de pansement n'ont que peu varié. On a toujours cherché à exercer une certaine compression sur la plaie au moyen de tampons de charpie.

Ce tamponnement n'est pas toujours bien supporté par les malades; il devient souvent intolérable et doit être enlevé peu d'heures après son application. Cela vient-il de la compression douloureuse qu'il exerce ou de ce que fermant hermétiquement l'extrémité inférieure de l'intestin il s'oppose à la sortie des gaz ? M. Péan est d'avis que c'est plus cette dernière cause que la douleur exercée par la compression qui détermine cette intolérance.

La plupart des chirurgiens introduisent une mèche dans le rectum, soit pour appliquer plus fortement ses parois contre les surfaces à nu, soit plus tard pour maintenir au rectum une ouverture suffisante. Lisfranc n'introduisait de mèche dans le nouvel anus que lorsque la plaie commençait à se cicatriser. Denonvilliers au contraire s'en servait immédiatement après l'opération. Mandt et après lui MM. Maisonneuve et Péan, ont eu l'idée d'ajouter à ces mèches une canule plus ou moins longue. Mandt se servait d'une canule en corne d'une longueur de 4 pouces; il exerçait une compression entre les parois de cette canule et la plaie, au moyen de bourdonnets interposés aux parties. M. Maisonneuve se sert d'une grosse sonde en gomme élastique; M. Péan emploie une canule semblable à la canule de Dupuytren; il l'entoure de charpie longue de façon à former une mèche volumineuse à centre résistant et canalisé en même temps, qui exerce une compression périphérique et favorise la réunion du rectum avec les surfaces traumatiques.

Il est assez intéressant de rappeler brièvement ce que l'on a enlevé en hauteur du rectum.

Chez l'homme la longueur de la portion réséquée a varié de 1 pouce et demi à 4 pouces. Lisfranc en a enlevé 3 pouces, Petel de Cateau 3 pouces et demi, Chassaignac 10 centim., Nusbaum 12 centim. Un des malades a qui Lisfranc emporta 3 pouces d'intestin, succomba à une péritonite suraiguë due probablement à une perforation du péritoine.

Le malade de Nusbaum guérit parfaitement, bien que le cul-de-sac de la séreuse eût été dénudé dans une certaine étendue.

Chez la femme on a pu également exciser jusqu'à 9 ou 12 centim. d'intestin. Une des malades de Lisfranc succomba avec une perforation du péritoine ; il en fut de même d'une femme à qui Schuh en avait extirpé la même longueur.

Nusbaum perdit également à la suite d'une péritonite suraiguë, une opérée à laquelle il avait extirpé une tumeur comprenant la cloison recto-vaginale et remontant très-haut, mais dont cependant le doigt pouvait dépasser les limites. Il est vrai que la presque totalité de la paroi recto-vaginale dut être sacrifiée. Il ne faudrait pas prendre les mesures données par les auteurs comme exprimant la valeur bien réelle de la longueur du tube intestinal sacrifiée. Lorsque l'intestin a perdu ses connexions naturelles, ses moyens de fixité, il est facile en exerçant quelques tractions d'augmenter de beaucoup sa longueur.

Cependant dans quelques observations on mentionne une large dénudation du cul-de-sac péritonéal ; dans ces cas il est possible qu'on ait réellement réséqué des portions considérables du rectum. Du reste ce sont ces opérations très-élevées qui se compliquent des accidents les plus graves et qui fournissent à la mortalité son plus fort contingent.

Notons enfin, pour terminer, que la plupart des auteurs conseillent de respecter la totalité ou tout au moins le plus qu'on peut du sphincter externe. Cette conservation a été presque toujours possible. Elle peut influer beaucoup sur les résultats définitifs de l'opération.

Résultats immédiats de l'opération.

L'extirpation du rectum est une opération qui en elle-même offre une certaine gravité. Cependant quelques chirurgiens ont beaucoup assombri les résultats qu'elle fournit. D'autres au contraire les ont peut-être un peu palliés.

Nous n'avons point à notre disposition une quantité suffisante de matériaux pour pouvoir établir des résultats statistiques ayant une valeur réelle.

Sans entrer dans de plus grands détails à ce sujet, disons que, dans un calcul tout à fait approximatif des cas dont nous donnons la relation, et des résultats que nous avons pu trouver passim dans les diverses recherches que nous avons dû faire, nous avons vu que l'opération était suivie de mort une fois sur quatre environ. Ces résultats sont déjà plus favorables que le relevé fourni par Vidal. Il est vrai que ce chirurgien, peu partisan de l'opération, comptait au nombre de ses insuccès la mort d'individus qui avaient succombé plus ou moins longtemps après, à des récidives ou d'autres accidents (1).

---

(1) Nous avons exclu bien entendu de notre calcul les 30 prétendus cas que Dieffenbach mentionne comme ayant été couronnés de succès, quant à ce qui concerne tout au moins les suites de l'extirpation. Nous avons de même passé sous silence les 40 autres cas dont parle Chassaignac sans fournir d'autres détails. Si nous avions dû les comprendre dans notre calcul, nous serions arrivé à des résultats que nous ne pouvons croire conformes à la vérité.

Nous ne voulons point nous arrêter plus longtemps sur ce point ; car, malgré l'excellence de la méthode numérique en général, nous ne pensons pas qu'elle puisse donner ici des résultats même approximatifs.

Mais si nous ne pouvons procéder de cette façon nous pouvons rechercher tout au moins, dans les cas authentiques qui sont à notre connaissance, quelle a été la cause de la mort. Nous arriverons ainsi à nous faire une idée plus exacte de ce que peut en elle-même donner immédiatement l'opération quand elle est pratiquée dans des conditions déterminées.

Sur 9 opérés, Lisfranc en perdit trois :

Un succomba à une suppuration diffuse du petit bassin; un autre à l'infection purulente; le troisième à une péritonite suraiguë due vraisemblablement à une perforation du péritoine.

Velpeau en 1839 avait opéré 6 malades.

Le premier avait succombé à une phlébite ; le second à l'épuisement causé par l'opération, le troisième à l'hémorrhagie vraisemblablement, puisqu'il est dit qu'on trouva une livre de sang épanché dans le haut du rectum. Il est vrai que cette quantité ne saurait guère expliquer la mort, à moins de supposer que le malade n'en eût déjà perdu auparavant ou fût dans un état d'épuisement considérable.

M. Dolbeau opéra un homme originaire du Brésil, qui mourut le cinquième jour avec des accidents pernicieux.

Simon de Rostock perdit un de ses malades de péritonite, sans qu'il y eût eu perforation du péritoine; il en fut de même pour une femme opérée par Nussbaum. Enfin Schuh et M. Verneuil virent succomber à une péritonite suraiguë deux malades chez lesquels on constata une lésion du péritoine.

On voit qu'à part les cas où les malades sont morts de

péritonite, complication toute spéciale à l'opération qui nous occupe, on ne trouve aucun accident qui ne puisse se voir dans la majorité des opérations pratiquées sur d'autres régions.

L'hémorrhagie est plus à redouter là qu'ailleurs, il est vrai; mais nous verrons en étudiant les complications immédiates, que presque toujours elle peut être combattue avec succès par des moyens simples. Et du reste, les méthodes nouvelles mettent complètement à l'abri de cet accident. L'inflammation du tissu cellulaire pelvien n'est pas fréquente ; nous ne la rencontrons mentionnée que quatre fois. Quant à la péritonite c'est-elle qui évidemment constitue la complication la plus redoutable et encore ne la voit-on se développer que quand la séreuse a été intéressée ou que l'intestin a dû être excisé très-haut.

Cependant il faut observer que ces péritonites doivent être plus à craindre chez la femme que chez l'homme, si l'on réfléchit à ce fait que toute opération, si simple soit-elle, pratiquée sur les organes génitaux, peut, dans des conditions mal déterminées, s'acompagner de cette inflammation redoutable.

Nous ne voyons rien en définitive qui au point de vue des résultats immédiats puisse faire rejeter l'extirpation du rectum. Elle ne constitue certainement pas une opération bien plus grave qu'une foule d'autres lésions chirurgicales qu'on n'hésite pas à produire dans le but de débarrasser, momentanément tout au moins, certains malades de productions aussi récidivantes que peut l'être le cancer du rectum.

Presque tous les cas de mort sont dus à des accidents qui peuvent être à la rigueur évités. C'est ainsi que la lésion du péritoine pourra l'être, si l'on se borne à ne tenter l'opération que dans les cas où la production pathologique n'atteint pas une certaine hauteur. Quant à l'hémorrhagie, nous avons déjà dit que le principal avantage des méthodes nouvelles est précisément de mettre en garde d'une façon presque absolue contre elle. Nous disons presque absolue, car on sait aujourd'hui que plusieurs fois l'emploi de l'écraseur linéaire n'a pas suffi pour l'éviter. Ces cas sont tout à fait exceptionnels cependant, et il n'en faudrait tirer aucune conséquence générale contre la valeur de cet excellent moyen, qui a donné tant de preuves de sa supériorité.

A part les accidents généraux qui peuvent compliquer toutes les lésions chirurgicales ou accidentelles, et contre lesquelles on ne peut rien, on voit que les principaux inconvénients inhérents à l'extirpation du rectum se réduisent à peu de chose.

L'infection purulente elle-même, à laquelle prédisposent plus que toute autre solution de continuité, les opérations pratiquées sur l'extrémité de l'intestin, peut être jusqu'à un certain point prévenue par l'emploi de la galvanocaustique. C'est encore là une des raisons qui militent en faveur de l'excellence de ce moyen. Nous n'avons nullement l'intention de dire que les solutions de continuité déterminées par le fer rouge soient absolument préservées de cette terrible complication, mais tous les chirurgiens savent que néanmoins ce sont elles qui mettent le mieux à l'abri contre l'intoxication pyohémique, et cela pour des raisons sur lesquelles nous n'avons point à insister ici.

CHAPITRE II.

ACCIDENTS OPÉRATOIRES ET COMPLICATIONS.

Nous allons étudier successivement les difficultés que l'on peut rencontrer pendant l'opération ; difficultés venues le plus souvent de quelque imperfection du diagnostic et qui presque toujours sont la cause de lésions accidentelles plus ou moins graves.

Il n'est pas toujours facile de mener à bonne fin une extirpation du rectum. Parfois l'intestin, après sa dissection, n'a pu être abaissé ; on s'est trouvé dans l'obligation de sectionner profondément les parties malades, sans savoir au juste si on avait atteint leurs limites. Sur les côtés on a pu dans quelques cas éprouver des difficultés à le séparer, là où on l'isole d'habitude sans le moindre empêchement. C'est que, dans ces cas, la production pathologique avait franchi les limites de ses parois pour envahir plus ou moins profondément les tissus voisins.

Il n'est pas toujours aussi facile qu'on pourrait le croire tout d'abord de décider si l'intestin est libre, ou s'il est uni aux tissus qui l'environnent.

Lisfranc qui avait cependant restreint l'application de son opération aux cas où la production pathologique est mobile en avant et en arrière, et dans lesquels le rectum peut être facilement abaissé, se trouva une fois dans l'obligation de disséquer cet intestin *in situ* sans avoir pu le déplacer.

Schuh eut le même accident ; l'intestin céda beaucoup moins qu'il ne fait d'habitude, et la dissection fut continuée difficilement en avant, où la muqueuse vaginale fut blessée. L'opération fut terminée dans des conditions tellement défavorables que les deux malades en question succombèrent l'un certainement, l'autre vraisemblablement, à l'ouverture du péritoine.

Dans la séparation de la paroi antérieure, le vagin a été blessé plusieurs fois. Il en est résulté, quand les malades ont guéri, des fistules recto-vaginales. Ces fistules quand la guérison se maintient pourraient être comme le propose Schuh soumises à des opérations ayant pour but de les oblitérer. Du reste, la presque totalité de la paroi recto-vaginale a été enlevée par plusieurs chirurgiens, lorsque cela était indispensable. Chez l'homme on a blessé la prostate, l'urèthre dans sa portion membraneuse, enfin la vessie.

Les plaies de la prostate n'ont rien offert de particulier; cette glande est toujours mise à nu quand la paroi anté-rieure du rectum est disséquée dans une certaine hauteur. Chez le malade que M. Verneuil opéra dernièrement, on put la voir complètement à nu dans le fond de la plaie.

Lisfranc blessa la partie membraneuse de l'urèthre une fois. Petel s'approcha très-près de ce canal, mais ne l'in-téressa pas. Le malade de Lisfranc succomba le deuxième jour de l'opération à des accidents qui ne reconnaissaient point pour cause la blessure de ce conduit. Le chirurgien avait dans ce cas laissé une sonde à demeure.

Nussbaum a blessé la vessie dans plusieurs cas. Une fois le bas-fond fut intéressé par une plaie qui l'ouvrit. La solution de continuité laissa couler l'urine et voir le cathé-ter que le chirurgien, par précaution, avait introduit dans le réservoir urinaire. — La plaie revint beaucoup sur elle-même. L'urine, dans les premiers temps, s'écoulait entre la paroi antérieure du rectum et les sutures périnéales. Il n'en sortait pas une goutte par l'urèthre. Le cathétérisme pratiqué toutes les heures en retirait cependant quelques onces. Huit jours après, tout écoulement d'urine avait cessé par le périnée; le cathétérisme en évacuait la tota-lité. Peu à peu la miction redevint volontaire.

Une autre fois, la prostate en totalité et la portion d'u-rèthre qu'elle renferme furent extirpées. Le malade guérit et vécut trois ans. L'urèthre était oblitéré vers sa portion membraneuse, et se terminait là par une sorte de cul-de-sac. Il s'était établi une fistule recto-vésicale que fermait une valvule tellement disposée que l'urine pouvait se vider facilement dans l'intestin, tandis que les matières fécales ne pouvaient passer dans la vessie. Ce malade pouvait conserver son urine pendant une heure sans rien perdre ; s'il se présentait alors à la garde-robe, il vidait sa vessie par un jet fort et rapide, sortant par le nouvel anus. Dans les derniers mois de son existence, il put conserver son urine jusqu'à deux et trois heures. Cela venait malheureusement d'un commencement de récidive qui obstruait en partie l'orifice de la fistule recto-vésicale.

Accident bien plus redoutable, le péritoine a été blessé assez souvent. Nous rencontrons quatre fois cette lésion dans les faits que nous avons recueillis. Dans ces quatre cas, les malades succombèrent à une péritonite aiguë. Une malade de Schuh cependant mourut d'infection purulente neuf jours après une semblable blessure. Elle présentait, du reste, les lésions de la péritonite en même temps que celle de la pyohémie.

Pour certains auteurs, cet accident opératoire ne serait pas constamment mortel. Nous n'avons pu nous procurer de cas où une guérison succédant à une plaie bien constatée de cette séreuse soit venue justifier cette assertion. On conçoit, du reste, la possibilité du fait. Cette blessure, dans tous les cas, constitue bien certainement, avec l'hémorrhagie, une des complications primitives les plus graves. Elle arrive surtout quand il a été impossible de préciser exactement jusqu'où le mal s'étend par en haut, jusqu'où en conséquence doit porter l'action de l'instrument.

Le péritoine, sans être ouvert, a été parfois dénudé en

dehors dans une certaine étendue. Nussbaum a vu chez deux de ses malades le cul-de-sac péritonéal déprimé par des anses intestinales remplies de matières stercorales, descendre dans la plaie, pendant qu'il exerçait des tractions sur l'intestin pour l'amener et le fixer à la peau. Il put parfaitement les sentir dans un cas sous son doigt, séparées seulement par l'épaisseur du feuillet pariétal du péritoine. Les deux malades guérirent sans accident.

Malgré cette innocuité relative, nous pensons que cette dénudation crée des conditions fâcheuses. On note en effet des cas de péritonite survenus sans lésion de la séreuse, qui peut-être ne tiennent pas à d'autre cause.

L'hémorrhagie qui accompagne l'action de l'instrument tranchant dans cette région est toujours considérable. Tous les auteurs qui se sont servis de cette méthode mentionnent, dans leurs observations, que les malades auraient perdu des quantités de sang relativement considérables. Lisfranc prétend n'avoir jamais vu cet accident entraîner des conséquences immédiatement fatales.

Les vaisseaux artériels situés autour du rectum ne sont pas très-développés; quelques-unes des hémorrhoïdales inférieures pourraient cependant fournir une hémorrhagie assez sérieuse; mais il est bon d'être averti que ce n'est pas toujours la division des vaisseaux périphériques qui a donné le plus de sang. Parfois les artères de l'intestin se sont trouvées plus volumineuses qu'elles ne le sont d'habitude. Leur section a donné lieu à des hémorrhagies notables après la division postérieure ou transversale de l'intestin. M. Dolbeau, dans un cas, dut appliquer plusieurs ligatures sur ces vaisseaux. Il ajoute même que s'ils n'avaient pu être liés, la perte de sang qu'ils auraient fournie eût probablement entraîné la mort du malade.

Lisfranc trouva également ces vaisseaux très-developpés. Ils fournissaient, dans un cas, une hémorrhagie d'autant plus fâcheuse qu'elle cessait quand on venait à abaisser l'intestin pour les lier.

Il est difficile de noter avec exactitude la quantité de sang que peut perdre un malade pendant une opération. Presque tous les auteurs constatent seulement qu'il s'est écoulé beaucoup de sang, que l'hémorrhagie a été importante, etc. Lisfranc évalue à quatre palettes la quantité que perdit son premier opéré. Le même malade eut encore une hémorrhagie peu après l'opération. Quatre heures après environ, il fut pris de coliques, avec frissons, et il expulsa, en même temps que le pansement qui lui obstruait l'intestin, la valeur de trois palettes de sang liquide. Velpeau parle d'un de ses opérés qui succomba avec une livre de sang dans le rectum. Il ne raconte point le fait avec des détails suffisants, cependant il laisse entrevoir que ce fut là ce qui détermina la mort.

Souvent on a pu lier sans grandes difficultés les vaisseaux qui donnaient. On conçoit cependant combien cette opération doit être difficile. On ne peut guère voir ceux qui fournissent, quand on suit la méthode de Lisfranc, et que l'on manœuvre dans un infundibulum sanglant profond de plusieurs centimètres.

Petel du Cateau dut employer le cautère actuel pour combattre l'hémorrhagie chez son malade. C'est presque toujours par l'eau froide en injections ou appliquée au moyen d'éponges que l'écoulement en nappe a été arrêté.

Outre l'utilité qu'elle a de permettre aux gaz de sortir de l'intestin, la canule de Mandt, la sonde en gomme de M. Maisonneuve et la canule avec chemise de M. Péan, auraient l'avantage de déceler une hémorrhagie interne comme celle qu'eurent des malades de Lisfranc et de Vel-

peau. Cette hémorrhagie, qui se fait sourdement et sans
se manifester par des phénomènes qui ne puissent la faire
soupçonner que quand elle a acquis des proportions considérables, s'observe assez souvent à la suite des opérations
qu'on pratique sur l'anus ou le rectum, même quand elles
ont été exécutées au moyen de l'écraseur. Il est bon de se
tenir en garde contre cet accident dont le mode de pansement favorise beaucoup la production.

Schuh a vu des malades chez lesquels l'hémorrhagie
avait déterminé un état anémique tel qu'ils n'auraient pu
refaire leurs forces, et qu'ils auraient plus tard succombé
aux conséquences éloignées de cet accident.

Mentionnons comme une des complications qui peuvent
amener assez fréquemment la mort des malades à la suite
de l'extirpation du rectum, la cellulite pelvienne. Cette
inflammation fut observée quatre fois, par Lisfranc,
par Schuh, par MM. Nélaton (1) et Péan. Il en est de même
des phlébites du petit bassin, auxquelles doit exposer
naturellement la division de parties riches en plexus
veineux.

La cellulite pelvienne peut déterminer des accidents
généraux qui emportent les malades avant qu'elle soit
arrivée à la période de suppuration. L'observation suivante,
due à l'obligeance de notre collègue, M. Fauré, interne
des hôpitaux, en est un exemple fort remarquable.

A..., fille publique, 32 ans, entre dans le mois de juin 1872 à l'hôpital
Saint-Antoine, service de M. le Dr Péan. Elle éprouvait depuis longtemps
de grandes difficultés dans l'acte de la défécation. Alternatives de constipation et débâcles précédées de selles glaireuses. Elle rapportait le début de
ces accidents à une affection vénérienne très-probablement syphilitique.
La malade n'est pas très-affaiblie. Le toucher rectal indique un rétrécissement occupant la partie supérieure du canal anal et la partie inférieure de
l'ampoule rectale. Le doigt indicateur, fortement étranglé par le rétrécisse-

(1) Él. de path. externe, t. V.

Marchand.   5

ment, prenait une masse annulaire de 4 centimètres à peu près de hauteur, offrant la consistance de gomme élastique molle, fongueuse. Au-dessus du rétrécissement, la muqueuse paraît ulcérée sur une hauteur d'un centimètre à peu près. On diagnostique un rétrécissement syphilitique. Vu l'état de la malade et le peu d'espoir qu'il y a d'obtenir des résultats par la dilatation, l'opération est décidée.

Elle est pratiquée suivant la méthode habituelle. Incision circulaire cernant l'orifice anal à 1/2 centimètre environ de la jonction de la peau avec la muqueuse. Décollement et dissection de la muqueuse jusqu'à la limite supérieure de la lésion. Section verticale avec l'écraseur, de façon à diviser le cylindre muqueux en trois parties, puis division des bases de ces lambeaux avec l'écraseur. La hauteur des lambeaux est d'environ 5 centimètres 1/2. On abaissa la muqueuse, on fixa son bord libre avec la peau au moyen de vingt points de sutures faites avec des fils cirés.

Aucun accident ne survient pendant l'opération.

1er jour. Pas de perte de sang. Le pansement, qui consistait en mèches disposées autour d'une grosse canule, a bien été supporté. La malade a passé une bonne journée.

Pendant les trois premiers jours, état satisfaisant du pouls, de la peau et de la température.

4e jour. Grand frisson. Température axillaire 39°,8. Pouls 100.

5e jour. Délire violent ressemblant au delirium tremens. Le soir, pouls 120. Température axillaire 40°,1. Agitation croissante, yeux excavés, peau brûlante.

6e jour. État plus grave ; mêmes phénomènes.

7e jour. Rien de visible à la peau de la marge de l'anus.

8e jour. Mort.

Autopsie. Le tissu cellulaire sous-cutané ne présente rien de remarquable dans les fosses ischio-rectales. Le tissu cellulaire, situé au-dessus du releveur, est infiltré d'une sérosité abondante qui ne s'écoule pas à la section ni même à la pression. Cette infiltration s'étend très-loin sous le péritoine, dont le cul-de-sac est cependant intact.

Nous avons signalé déjà plus haut qu'en dehors de la péritonite succédant à l'ouverture de la séreuse, on avait vu assez souvent cette complication survenir chez des sujets où le péritoine était complètement indemne de toute lésion.

Ces inflammations, pour la plupart, peuvent être considérées comme des affections de voisinage. Nous avons dit que chez la femme, on voit des péritonites se développer souvent à propos des moindres opérations pratiquées sur les organes génitaux ou sur des parties situées dans leur voisinage. Il est difficile d'avoir la raison de ces faits, mais ils existent et ils peuvent jusqu'à un certain point nous rendre compte de certaines péritonites survenues à la suite de l'opération que nous étudions.

Enfin, il est un phénomène qui n'est pas constant dans son existence, mais cependant se montre assez fréquemment pour mériter d'être signalé. Il n'est pas rare de voir les malades ne pouvoir uriner volontairement pendant un temps variable. Cette impossibilité de la miction se montre dans les jours qui suivent immédiatement l'extirpation. Elle décroît au bout d'un certain temps, et enfin la vessie finit par reprendre l'exercice complet de ses fonctions. Cependant on peut voir persister cet état plus ou moins longtemps.

C'est ainsi que chez le malade auquel M. le professeur Verneuil a extirpé la partie postérieure du rectum, il y a six semaines, les fonctions vésicales ne peuvent encore s'exécuter. Ce malade se sonde lui-même ; son urine, du reste, est très-limpide et nullement altérée. (1)

Lisfranc était dans l'habitude de faire sonder les femmes qu'il avait opérées, pendant quelques jours, afin que l'urine ne vînt point souiller les pièces du pansement.

Nous ne parlons que pour mémoire de ces accidents nerveux immédiats signalés par Pinault, qui consistent en des coliques passagères, des borborygmes, des envies fréquentes et inutiles d'aller à la selle, des hoquets, des nausées et des vomissements, accompagnés de douleurs vives dans la vessie. Cet état s'améliore toujours au bout de peu

____

(1) Ce malade, actuellement sorti de l'hôpital, est complètement guéri. La miction est redevenue volontaire ; la défécation se fait régulièrement, et il peut retenir ses matières pendant un certain temps

de temps, sous l'influence du calme et des opiacés. On ne pourrait d'ailleurs les confondre avec le début d'une péritonite, car si vite que surviennent les symptômes qui marquent le début de cette complication, il s'écoule toujours cependant un temps appréciable entre leur apparition et l'opération.

Des résultats éloignés de l'opération.

L'opération marche vers la guérison d'une façon un peu différente, suivant que la muqueuse a pu être abaissée et suturée à la peau ou suivant que la plaie a été pansée à plat. Quand la réunion que l'on a tentée réussit, les résultats sont rapides.

Mais habituellement les choses ne se passent pas aussi simplement. Dans presque toutes les observations que nous possédons, la réunion a échoué en divers endroits, souvent partout en même temps, et le rectum est remonté plus ou moins haut. Dans ces cas, comme dans ceux où la réunion n'a pas été tentée, les surfaces s'enflamment, se détergent peu à peu et se recouvrent de bourgeons charnus de bon aspect. Nous ne trouvons nulle part que la plaie ait eu beaucoup à souffrir du contact des matières. Il est vrai que d'habitude on a soin de constiper les malades et en conséquence d'éloigner les selles dans les premiers jours qui succèdent à l'opération ; quand le contraire a lieu et que pour diverses causes les garde-robes sont fréquentes, la plaie n'en marche pas moins régulièrement. Cependant, des efforts inconsidérés de défécation peuvent entraîner des accidents. Le malade que Denonvilliers opéra dans le le service de Roux eut une hémorrhagie qui reconnut une semblable cause au bout de dix jours.

Nous avons vu que Lisfranc faisait sonder ses opérés pour

éviter que l'urine vînt à mouiller les pièces du pansement.

Les bourgeons charnus finissent, après avoir suppuré un certain temps, par s'organiser en une membrane cicatricielle intermédiaire aux téguments cutanés et à l'extrémité inférieure de l'intestin.

En combien de temps s'opère d'habitude la cicatrisation complète de la plaie? On conçoit que cela doive varier suivant une foule de circonstances, telles que l'étendue des surfaces à recouvrir, les complications qui peuvent entraver la marche régulière du processus réparateur. Cependant, les résultats de nos observations sont à peu près uniformes; à part une malade à qui Lisfranc avait enlevé 2 pouces de rectum et qui guérit en quinze jours, nous trouvons que la cicatrisation et conséquemment la guérison a demandé pour s'effectuer de six à dix semaines. Chez quelques-uns, on trouve un temps beaucoup plus long. Un malade de Maisonneuve mit quatre mois à guérir, mais c'est là un fait exceptionnel; l'observation ne mentionne pas ce qui retarda la cicatrisation.

La littérature est pauvre en descriptions qui nous fassent savoir dans quel état se trouvent, au bout d'un certain temps, les parties sur lesquelles a porté l'opération. Il existe cependant des différences anatomiques réelles et importantes entre les divers cas. Le tissu cicatriciel peut conserver sa force rétractile et revenir de plus en plus sur lui-même, de façon à rétrécir tellement l'orifice intestinal qu'il devienne une source d'inconvénients souvent très-graves. D'autres fois, au contraire, il persiste un vaste infundibulum, au sommet duquel se trouve un orifice béant, incapable de retenir les matières, quelque consistantes qu'on les suppose.

Fort heureusement qu'entre ces deux extrêmes il existe une foule d'intermédiaires; car nous trouvons des observations où les malades, ayant été revus plusieurs années après leur opération (Dieffenbach), il n'existait ni rétrécissement ni incontinence.

Cependant on rencontre toujours, au fond d'une dépression infundibuliforme du sillon interfessier, un orifice circulaire ou de forme irrégulière, suivant que les malades ont été soumis à l'extirpation totale ou partielle. Le rétrécissement qui constitue le nouvel anus est parfois dur et rigide, d'autres fois assez dilatable. La muqueuse rectale peut faire saillie à travers cet orifice sous forme de bourrelet rosé. Dans la si intéressante observation de M. Verneuil, l'anus était réduit à une gouttière très-étroite, entourée par une masse dure et fibreuse, épaisse de plus de 1 centimètre et haute de 2, dont la lumière fort petite répondait à la portion de muqueuse normale qu'avait respectée l'opération.

Chez la malade de M. Péan, qui fut revue cinq mois après, la cicatrice était d'un blanc rosé, non douloureuse au toucher, souple à la pression. On sentait au niveau du bout inférieur du rectum une partie résistante en forme de bride. Il existait à 3 centimètres de l'anus, là où l'extrémité inférieure du rectum se continuait avec la cicatrice, de petites saillies transversales extensibles, mais déjà douées d'une certaine dureté, qui les faisait distinguer facilement des tissus périphériques.

M. Cruveilhier a vu à la Salpêtrière une malade qui avait été opérée longtemps auparavant par Lisfranc. L'examen de l'anus, dit l'éminent professeur, montrait une cavité infundibuliforme, à base très-large, toujours béante et incapable de contraction. Il n'existait aucun suintement purulent. Cette malade était morte phthisique; il put s'assurer que les cinq derniers pouces de l'intestin rectum étaient complètement dépouillés de membrane muqueuse, que cette membrane se terminait en haut par un rebord circulaire coupé à pic, libre, décollé, sans aucune

continuité avec la surface sur laquelle la muqueuse avait
été détruite. Du reste, il n'y avait aucune trace de sphincter,
ni même de parois intestinales dans l'infundibulum qui
terminait en bas le rectum.

La malade était restée dans l'impossibilité de retenir ses
matières fécales, qui tombaient quelquefois par fragments
pendant la marche.

Chez un malade opéré par lui d'une récidive, M. le professeur Richet (1), quatre ans après l'opération, constata
que le rectum était collé sur sur les côtés du bassin. Si on
introduisait un doigt dans l'anus, on le faisait sans rencontrer d'obstacles ; pendant les efforts du malade, on ne
sentait aucune constriction.

Maintenant que nous avons jeté un coup d'œil sur les
résultats de l'extirpation du rectum, au point de vue anatomique en quelque sorte, voyons quelles en sont les suites
au point de vue fonctionnel.

Les matières peuvent-elles encore être retenues dans le
rectum, et comment le sont-elles ? La défécation est-elle
possible et facile ? Voyons d'abord ce qui se passe à l'état
normal : Personne n'admet plus aujourd'hui avec O'Beirne
que les matières intestinales qui doivent être expulsées
s'accumulent dans l'S iliaque. L'examen des cadavres, les
constatations nombreuses sur le vivant par le toucher vaginal et rectal démentent formellement ces assertions.

Les matières s'accumulent avant leur expulsion dans le
rectum et particulièrement dans cette partie dilatée de l'intestin qui est située au-dessus des sphincters. C'est grâce
à la force tonique dont est doué le double anneau musculaire à fibres lisses et à fibres striées qui le clôt par en
bas, que les matières sont retenues jusqu'au moment
où la contraction du diaphragme et des muscles larges de

(1) Ce malade, opéré d'abord par Marjolin au moyen du bistouri, le fut
par la ligature permanente suivant le procédé de Récamier.

l'abdomen d'une part, celle des fibres longitudinales de
l'intestin et des releveurs de l'anus agissant en sens contraire d'autre part viennent vaincre leur tonicité, et, à
travers ce rétrécissement normal, forcer le passage qu'elles
doivent parcourir.

Ce sont donc bien les sphincters et en particulier le
sphincter externe qui empêchent la béance de l'extrémité
inférieure du rectum et conséquemment les matières de
sortir au moment où elles arrivent dans l'ampoule rectale.

Examinons maintenant ce qui arrive chez les malades qui
ont subi l'extirpation de l'extrémité inférieure du rectum.
Tout d'abord, que l'opération qu'ils ont subie ait été partielle ou totale, ces malades ont tous, sans exception, une
incontinence absolue les jours qui suivent. Ceux que nous
avons pu interroger à ce sujet nous ont tous dit qu'ils
n'avaient aucune sensation du besoin d'aller à la garde-
robe, que leurs matières sortaient sans qu'ils s'en aper-
çussent aucunement. Cette incontinence persiste souvent
un temps plus ou moins long après la guérison. Plus tard
les choses se modifient au point de vue des résultats définitifs.

Plusieurs cas peuvent alors se présenter. Certains
sont frappés d'une incontinence absolue, comme cela
était pour la malade de Lisfranc, observée plusieurs
années après l'opération par M. Cruveilhier, ou pour celle
de M. Dolbeau (thèse de Fumouze). D'autres peuvent conserver leurs matières solides, tandis que les liquides passent involontairement. C'est presque toujours là, il faut le
dire, le genre d'incontinence dont sont affectés les opérés.
Enfin, dans plusieurs observations, il est mentionné que
les sujets retiennent également bien les matières solides,
les liquides, voire même les gaz. La défécation s'accomplit
chez eux volontairement et régulièrement.

Un grand nombre de ceux qui n'ont pas d'incontinence

doivent cependant se présenter très-vite à la garde-robe, sitôt que le besoin le leur commande, sous peine de vider involontairement le contenu de leur rectum.

Comment sont donc conservées les matières, puisque l'extrémité de l'intestin manque, et que l'anneau musculaire qu'on y rencontre est censé faire défaut.

Ici, plusieurs opinions sont en présence. C'est ainsi que Lisfranc attribuait ce résultat à la rétraction de la cicatrice et aux sinuosités qu'elle forme. M. Chassaignac pense, au contraire, que le rectum posséderait une propriété particulière en vertu de laquelle ses fibres circulaires venant à s'hypertrophier, il se constituerait ainsi une sorte de sphincter rudimentaire.

Dans une discussion qui eut lieu sur ce sujet à la Société de chirurgie (1), M. le professeur Richet fit observer que le fait n'était pas aussi général que M. Chassaignac voulait l'établir, et il cita l'exemple du malade de Marjolin, qu'il avait opéré pour la seconde fois. Depuis lors, les matières solides seules étaient retenues un certain temps, mais non les matières liquides.

Au point de vue qui nous occupe, on conçoit aisément les différences observées dans les résultats. La rétention des matières ne nécessite pas absolument les frais d'un sphincter complet ; et de plus, il peut exister des circonstances qui, en dehors même de l'existence d'un sphincter, si imparfait soit-il, peuvent arriver à obstruer suffisamment l'anus nouveau pour opposer un certain obstacle à l'incontinence.

Le sphincter ne jouit pas du seul rôle de maintenir fermé par sa tonicité propre l'orifice de sortie de l'intestin. Son développement est en rapport avec d'autres fonctions qui, pour être accessoires, n'en exercent pas moins une

____

(1) Bulletins de la soc. chirurg. (1861).

action véritable dans l'acte de la défécation. Et si une partie seulement de la force qui lui est dévolue peut bien opposer un obstacle suffisant à la sortie involontaire des fèces, il n'est point étonnant que des obstacles d'un autre genre puissent amener le même résultat.

L'anus nouveau offre certaines particularités sur lesquelles nous avons insisté déjà. On sait que souvent il se présente sous la forme d'un anneau assez mince, dans lequel, à la rigueur, on pourrait peut-être rencontrer quelques débris du sphincter primitif, ménagés par l'opération.

Dans le cas même où cet obstacle naturel aurait complètement disparu, l'action compressive exercée sur lui par le rapprochement du sillon interfessier, et de plus ce bourrelet muqueux qui, dans certains cas, obstrue sa lumière, pourraient parfaitement expliquer les phénomènes de rétention que M. Chassaignac attribue à une sphinctérisation véritable. Faget, qui a le premier très-exactement observé ce fait, dit que le trou ovale bordé du tissu de cicatrice qui, chez son opéré, remplaçait l'anus, était exactement bouché par trois replis de la membrane muqueuse du rectum, lesquels formaient trois corps semblables à des cerises. Nous retrouvons quelque chose d'analogue chez la malade de M. Duplay.

Il est très-possible que, dans ces cas, la procidence légère de la muqueuse suffise pour arrêter les matières, même peu consistantes.

Enfin, nous le répétons, il faut également tenir compte de la conservation possible du sphincter. — Dans de nombreuses observations, nous trouvons mentionné que le chirurgien put conserver en partie ou même en totalité cet anneau musculaire.

Pour nous résumer, disons qu'il n'est pas absolument besoin d'une force active pour empêcher l'incontinence;

mais que le seul rétrécissement que présente dans presque tous les cas l'anneau inodulaire suffit pour expliquer le fait, quand surtout il vient s'y joindre une légère procidence de la muqueuse. Enfin nous pensons que, comme plusieurs chirurgiens le mentionnent, il peut rester une quantité suffisante des fibres du sphincter pour exercer une action constrictive véritable.

Quant à la défécation, cet acte peut s'exécuter presque normalement. Cependant, dans les cas même les plus heureux, nous ne pensons pas qu'il reste une force suffisante dans les débris du sphincter pour favoriser la propulsion du boudin fécal, et même le diviser, comme cela se passe normalement.

Les malades cependant ont conservé la sensation qui les avertit de la nécessité d'accomplir l'acte de la défécation ; mais ils ne peuvent retarder beaucoup la satisfaction de ce besoin.

Ce fait peut s'expliquer facilement, si l'on réfléchit que deux forces concourent à l'expulsion du bol fécal. D'abord une contraction inconsciente de l'intestin, ou plutôt non voulue, d'origine réflexe, et qui peut-être est la cause même de la sensation qui avertit du besoin de le vider ; puis la contraction des muscles abdominaux soumise à l'action de la volonté. A l'état normal, la tonicité du sphincter suffit pour résister à l'impulsion déterminée par la contraction intestinale. Mais chez les sujets qui sont privés de ce muscle, ou chez lesquels sa puissance est très-atténuée, le mouvement péristaltique peut vaincre le peu de résistance offerte par les moyens que nous avons décrits, et amener la sortie des matières.

Il est un accident plus grave certainement que l'incontinence, mais qui heureusement se montre aussi rarement qu'elle. Nous voulons parler du rétrécissement excessif de l'anneau inodulaire.

Etablissons d'abord que rarement la rétraction de la cicatrice est poussée au point de déterminer des accidents graves et qui nécessitent une intervention spéciale; cependant le fait existe et doit appeler l'attention du chirurgien.

Il est difficile de savoir à quelle cause rapporter ce phénomène, puisqu'il n'est pas constant.

Nous savons que le pouvoir rétractile des cicatrices réside en une propriété spéciale de leur tissu. Cependant nous devons constater qu'il est peu fréquent de voir l'inodule, à la suite de l'excision du rectum, se rétracter au point d'oblitérer presque la lumière anale. Ce n'est qu'appuyé sur les faits assez nombreux que nous possédons, que se base cette assertion, qui semble en contradiction avec ce que l'on sait de ce tissu.

Nous devons à l'obligeance de M. le professeur Verneuil la communication d'un fait que nous reproduisons ici et qui nous montre un spécimen à peu près typique de ce genre de rétrécissement. Cette relation a d'autant plus de prix que son auteur y décrit un procédé opératoire qu'il imagina pour ce cas particulier.

Voici la note qu'il nous a remise. Elle continue et complète, en quelque sorte, l'observation que nous avons empruntée, en la résumant, à la thèse de Desbuchère, et que nous avons rapportée plus haut :

Dans le courant d'octobre, la guérison de la malade était complète L'incontinence n'existait plus que pour les matières liquides. Les fèces solides étaient facilement retenues. Je restai plusieurs mois sans avoir de nouvelles de l'opérée. Vers le mois de février, elle vint me revoir; il n'y avait pas trace de récidive, mais l'orifice anal commençait à se rétrécir considérablement et n'admettait plus que le doigt indicateur. Les matières fécales étaient retenues sans peine; mais il était facile de prévoir que l'obstruction allait se reproduire par la rétraction progressive de la cicatrice. Je recommandai l'introduction quotidienne de grosses bougies de cire mais comme la malade était très-satisfaite de son état et que l'introduction

des bougies susdites était un peu douloureuse, elle ne suivit pas mon con-
seil. Deux mois s'étaient à peine écoulés que le rétrécissement anal commença à produire ses effets. Selles difficiles ; matières fécales cylindriques
de petit volume, coliques, un peu de ballonnement du ventre, etc.

Le doigt indicateur ne pouvait plus pénétrer sans violence, et son introduction déterminait des douleurs vives. L'état général commença à s'altérer.
Je proposai une opération complémentaire, que la malade refusa d'abord et
qu'elle n'accepta que près d'un mois après, c'est-à-dire dans le courant de
mars, sept mois environ après la première.

J'avais conçu, pour prévenir la reproduction des rétrécissements, un
procédé anaplastique nouveau, autant que je puis croire, et que je vais décrire avec quelques détails ; pour faire comprendre son but et son exécution, il est indispensable d'indiquer l'état des parties.

L'opération, comme on l'a vu plus haut, avait détruit les trois quarts environ de la circonférence de l'intestin dans l'étendue de 6 centimètres.

Il ne restait de cette circonférence qu'une languette verticale correspondant à la cloison recto-vaginale qui avait pu être respectée. La plaie, après
l'ablation, avait la forme d'une gouttière ouverte en avant, et qui, en raison de la rétraction des parties, n'avait pas moins de 7 centimètres de haut
en bas. Peu à peu cette gouttière s'était réduite ; elle avait diminué dans
tous les sens. De bas en haut, elle n'avait plus que 2 centimètres environ,
et sa rétraction concentrique avait été telle que la lumière du rectum était
presque effacée et réduite à un trajet étroit répondant à la muqueuse conservée en avant vers la cloison recto-vaginale.

Toute la surface suppurante, par le fait de la rétraction, se résuma en
une masse fibreuse très-dure, épaisse de plus d'un centimètre, haute de
2 centimètres, et qui, étroitement appliquée sur la face postérieure de la
cloison, obturait presque entièrement la lumière de l'intestin, sauf le petit
canal adossé à la cloison et dont j'ai parlé plus haut.

Cette masse fibreuse était recouverte en bas et en arrière par la peau de
la région ano-coccygienne qui était saine, souple et mobile.

En introduisant le doigt dans le rectum, on sentait très-aisément le bord
et la limite supérieure de la masse fibreuse et au-dessus d'elle la muqueuse
rectale souple, saine et mobile.

La peau d'une part, la muqueuse de l'autre, n'étaient guère distantes que
de 2 à 3 centimètres, séparées par la zone fibreuse constituant le rétrécissement.

Dès lors, il me parut possible de rapprocher et de réunir ensemble sur
la ligne médiane, en arrière, les deux téguments, de manière à former là
une commissure de tissus sains, qui, avec la commissure antérieure repré-

sentant lesdébris de la cloison, aurait assuré la perméabilité de l'anus et constitué un orifice permanent, non susceptible d'oblitération définitive et capable, à la longue, d'établir une dilatation convenable. Pour réaliser la réunion de la muqueuse à la peau, il suffisait de supprimer la masse inodulaire qui les séparait, en d'autres termes, de faire l'extirpation au moins partielle des massifs fibreux intermédiaires.

Voici comment je procédai : je taillai en arrière, aux dépens de la peau de la région ano-coccygienne, un lambeau en forme de cône tronqué, dont la base, répondant au coccyx, mesurait un peu plus de 3 centimètres, dont le bord libre, correspondant à l'orifice anal, mesurait 2 centimètres, et dont la longueur de haut en bas avait à peu près 3 centimètres. Ce lambeau, facilement disséqué de bas en haut, fut relevé sur le coccyx. La face externe de la masse fibreuse fut alors largement mise à nu. A l'aide de deux sections parallèles distantes de deux bons centimètres, j'isolai cette masse à droite et à gauche, de façon qu'elle ne tenait plus que par en haut, c'est-à-dire à la muqueuse saine de la face postérieure du rectum. Cette attache fut divisée transversalement à son tour. Cette extirpation faite, il fut très-facile de réunir la muqueuse à la peau, en réfléchissant le lambeau cutané coccygien et en le portant à la rencontre de la muqueuse susdite. Trois points de suture métallique passée sans aucune difficulté assurèrent la coaptation de ce lambeau.

Dès lors, l'orifice anal, très-oblique de bas en haut et d'avant en arrière, se trouvait constitué de la manière suivante. En avant, le reste de la muqueuse de la cloison formait la commissure antérieure. En arrière, la face cutanée du lambeau coccygien formait une large commissure postérieure : sur les côtés, deux plaies de médiocre étendue, dont le fond contenait encore une couche assez mince de tissu cicatriciel. On aurait pu facilement introduire deux doigts dans cet orifice ainsi reconstitué.

Les diverses sections que je viens de décrire avaient été faites soit au bistouri (formation et dissection du lambeau), soit à l'écraseur (sections verticales et transversales pour l'extirpation de la masse fibreuse). Les deux plaies latérales saignantes avaient été légèrement touchées au fer rouge.

Le résultat immédiat était aussi bon que possible, et j'espérais beaucoup pour l'avenir; car, dans le cours de la dissection, je n'avais pas reconnu la moindre trace de récidive locale.

Malheureusement l'état général de la malade était peu satisfaisant. L'état moral surtout était déplorable. Toujours est-il que dès le soir même une fièvre intense s'alluma. Le lendemain, nous constatâmes une adénite inguinale aiguë, suivie d'une lymphangite, qui se métamorphosa bientôt en érysipèle. Le troisième jour, apparurent les signes d'une péritonite qui enleva rapidement la malheureuse opérée.

C'est précisément ce procédé autoplastique qui me donna l'idée de modifier l'extirpation partielle du rectum, comme je l'ai fait dans une de mes opérations récentes, et de faire une sorte d'autoplastie préventive des rétrécissements.

Quant à ce procédé, tout nouveau qu'il puisse être, il n'est en somme que l'application à l'orifice rectal d'autres procédés analogues employés au méat urinaire, à l'orifice buccal, et aussi dans la cure de syndactylie.

Nous n'insistons pas davantage sur cet inconvénient. Nous avons déjà dit qu'il est relativement rare. Le fait de M. Dolbeau (1) prouve qu'aucune méthode ne met en garde contre lui, et qu'on le voit tout aussi bien succéder à l'action de l'instrument tranchant qu'à celle de l'écraseur linéaire et du galvano-cautère.

Les faits nous manquent encore pour pouvoir juger ce qu'on pourra obtenir par la suite des sections à lambeau trapézoïde de M. le professeur Verneuil.

Enfin, pour en terminer avec les phénomènes que l'on peut observer à la suite de l'extirpation du rectum, nous signalerons un écoulement leucorrhéique assez persistant et assez abondant pour incommoder les malades qu'il affecte. Cependant il n'a jamais atteint des proportions telles qu'il ait pu devenir inquiétant.

A quoi tient cet écoulement, signalé dans plusieurs observations, et entre autres dans la première de la thèse de Fumouze ? Nous crûmes d'abord qu'il pouvait être en rapport avec un commencement de récidive, puisque l'opération avait été pratiquée, dans ce cas, pour une tumeur maligne du rectum. Mais nous le retrouvons mentionné dans le fait de M. Péan, qui a trait à un rétrécissement syphilitique. Il est dit, de plus, dans l'observation, que le toucher était sensible au niveau de la portion de muqueuse qui était voisine de la cicatrice.

____

(1) Thèse de Fumouze, obs. I.

Nous sommes d'autant plus porté à croire qu'il ne s'agissait, dans ces cas, que d'une simple inflammation catarrhale de la muqueuse, que cet état irritatif se rencontre presque toujours au-dessus et parfois au-dessous des coarctations qui peuvent siéger dans des conduits muqueux. Indiquer la cause d'un fait semblable, c'est en même temps montrer son peu de gravité et faire pressentir les soins qui pourraient en tout cas améliorer cet état.

CHAPITRE III.

VALEUR DE L'OPÉRATON. — SES INDICATIONS.

Maintenant que nous avons vu les difficultés de l'opération, les accidents et les complications qui l'accompagnent, les résultats qu'elle fournit, voyons à quelles indications elle répond.

L'extirpation du rectum ne fut tout d'abord pratiquée que contre le cancer de cet organe. Bien qu'il l'ait fait par erreur, Lisfranc n'eut jamais l'intention de diriger sa méthode contre des rétrécissements syphilitiques ou autres. Dieffenbach proposa le premier de traiter ainsi certains rétrécissements rebelles aux autres modes de traitement. Depuis, M. le Dr Péan, chirurgien de l'hôpital Saint-Louis, l'a appliqué plusieurs fois à des cas de ce genre. Nous reviendrons sur ce sujet.

Des voix assez nombreuses se sont élevées, à diverses époques, contre l'opération qui nous occupe. C'est d'abord Curling (1) qui s'inscrivit contre elle.

Il est vrai que les conclusions auxquelles arrive le chi-

____

(1) Diseases of the rectum, p. 105.

rurgien anglais ne sont guère justifiées par ses pré-
misses.

Après avoir rappelé la pratique de Dieffenbach, qui, à
en juger par ce que ce dernier en dit lui-même, fut très-
heureuse, Curling conclut au rejet absolu de l'opération.
« Je pense, dit-il, qu'une opération qui expose à sa suite le
patient à l'effet déplorable de l'incontinence de ses matières, à celle d'un rétrécissement considérable, par suite
du retrait excessif de la cicatrice, qui est forcément suivie
de récidives quand le mal est suffisamment développé pour
qu'on ne puisse révoquer en doute l'existence du cancer,
doit être condamnée. Les chances qu'elle offre de prolonger
l'existence ne peuvent être acceptées au milieu des dangers
qu'elle peut faire courir. »

Nous ne pouvons comprendre cette conclusion que l'auteur semble plus tirer de l'exposé des faits de Dieffenbach
que de son expérience personnelle. Le chirurgien allemand
dit, en effet, que de 30 malades des deux sexes qu'il a opérés de cancers plus ou moins volumineux de l'extrémité
inférieure du rectum, aucun ne succomba aux suites de
l'opération. Ce furent les cas où le tégument cutané put
être conservé dans son intégrité qui lui fournirent les succès les plus beaux et les plus durables, et aussi lorsque le
mal était limité à la partie tout à fait inférieure de l'intestin. Chez quelques-uns la récidive survint trois mois après
l'opération ; dans un seul cas, il la vit survenir un mois
après seulement. Une fois, il vit, un mois après l'extirpation d'un cancer volumineux avec envahissement de la
peau et de l'orifice anal, une nouvelle production carcinomateuse détruire et perforer les parois du réservoir vésical.
Mais il se hâte d'ajouter que la plus grande partie de ses
malades étaient encore en bonne santé des années après
l'pération. On ne voit pas là ce qui peut avoir engagé

Curling à se montrer si sévère, ni Smith (1) à taxer de procédé barbare et antiscientifique l'opération entreprise dans le but d'extirper les cancers de l'extrémité inférieure de l'intestin.

L'intervention chirurgicale a-t-elle donc d'autres limites que celle de l'utilité qu'en retirent les malades ?

A moins de gravité telle de l'acte opératoire que celui-ci n'offre que des chances à peu près égales à celles que fait courir la maladie elle-même ; à moins encore qu'il ne doive entraîner des infirmités telles qu'à sa suite la vie ne devînt tout à fait à charge, les tentatives de la chirurgie sont légitimes.

Or, l'extirpation du rectum est-elle si grave que, par suite du danger qu'elle offre, on ne doive songer à l'exécuter ?

Nous pensons avoir démontré, à l'aide des faits que nous rapportons, qu'elle n'est pas plus périlleuse, ou même l'est beaucoup moins que certaines autres opérations pratiquées sur d'autres régions, dans le même but qu'elle. On ne peut certainement, au point de vue des suites immédiates, la comparer avec l'amputation de la cuisse. Or, il est peu de chirurgiens qui reculent devant cette extrémité, s'il s'agit de débarrasser un malade d'une tumeur volumineuse affectant l'extrémité supérieure des os de la jambe, quelle que soit, du reste, sa nature, sarcome ou carcinome. On sait du reste combien il est fréquent de ne pouvoir, avant l'opération, faire le diagnostic anatomique de ces néoplasmes.

Les résultats de la pratique de nombreux chirurgiens démontrent l'innocuité relative de l'extirpation du rectum, et s'il nous fallait établir une statistique sur les données que nous possédons, mais dont nous n'avons pu vérifier l'authenticité, on verrait qu'il faudrait la ranger au nombre des opérations les plus bénignes.

(1) Holmes. System of surgery, vol. IV.

M. le professeur Verneuil opère 7 malades ; il en perd 2, l'un d'érysipèle, complication qui n'a rien de particulier pour l'opération qui nous occupe ; l'autre d'un accident opératoire.

Chassaignac parle de 40 cancers du rectum opérés par lui et après la guérison desquels l'intestin aurait eu la propriété de reconstituer son sphincter. Cette assertion démontre tout au moins que ces 40 malades ont vécu assez longtemps après l'opération pour que l'intestin ait pu reprendre ses fonctions.

Simon de Rostock opère 5 malades qui se trouvaient dans des conditions déplorables et n'en perd qu'un.

Dans les 5 observations que nous empruntons à Nussbaum, nous ne trouvons également qu'un seul cas de mort. Et cependant on peut voir quelles opérations ce chirurgien entreprit.

Nous avons déjà exposé les résultats de la pratique de Dieffenbach.

Ces chiffres parlent assez éloquemment pour que l'on puisse se croire autorisé à opérer si les malades doivent tirer bénéfice de l'intervention.

L'opération est-elle entourée de dangers si grands et inhérents à son exécution que la crainte d'accidents graves pouvant entraîner la mort des malades, doive arrêter la main du chirurgien ?

Le contraire ressort clairement des documents assez nombreux que nous avons pu nous procurer. Il est impossible certainement de prévoir avec exactitude à quelle hauteur s'arrête le péritoine, et il n'est point de chirurgien si habile qu'il ne doive redouter la lésion de cette séreuse quand il doit remonter un peu haut. Mais, en définitive, cet accident est tout à fait exceptionnel ; il est évité dans l'immense majorité des cas.

Cette objection ne saurait atteindre du reste que le cancer haut situé, ceux dont on a de la peine à préciser l'étendue. Il ne peut s'appliquer à ceux qui débutant à une petite distance de l'anus peuvent être reconnus assez tôt pour que les lésions qu'ils produisent soient limitées à des surfaces accessibles sans danger.

Quant à l'hémorrhagie, elle ne doit plus entrer en ligne de compte depuis l'emploi des méthodes nouvelles.

Les malades dit-on encore restent soumis à des infirmités qui sont presque aussi graves que le mal. Pour voir combien est spécieuse cette objection, il n'y a qu'à consulter les faits.

Les deux seuls inconvénients éloignés de l'opération sont l'incontinence et le rétrécissement. Nous avons dit déjà et démontré au moyen de faits assez nombreux que ces accidents n'atteignaient des proportions graves que que tout à fait exceptionnellement. Presque toujours les fonctions de l'intestin ont continué à s'accomplir assez régulièrement. Nous n'avons trouvé que le fait de M. Cruveilhier rapporté par Vidal dans lequel une incontinence ait été supportée si difficilement, puisque la malade, pour éviter les effets de son infirmité dégoûtante, s'était condamnée à ne plus sortir de son lit. Chez la plupart des malades qui sont restés affectés d'incontinence, il suffisait d'un appareil très-simple consistant en un tampon d'étoupe, de charpie, ou quelques serviettes pour en atténuer beaucoup les effets et leur permettre de se livrer à leurs occupations ordinaires. Une malade de M. Dolbeau s'était fait construire un appareil de bois qui recevait ses matières et les empêchait de tomber.

Nous ne voyons point du reste ce que peut avoir de plus repoussant l'incontinence des matières par l'extrémité de l'intestin, que leur sortie continuelle par une ouverture fistuleuse, qu'elle soit située à la région lombaire ou à la paroi abdominale.

Quant au rétrécissement, c'est à la vérité un accident redoutable, mais qui est heureusement loin d'être aussi fréquent qu'on pourrait le supposer.

Nous avons des cas où la guérison s'était maintenue des années sans qu'il fût survenu un retrait notable de l'orifice intestinal. La cicatrice reste souple, flexible pendant longtemps, et si les malades avaient le soin de se soumettre de temps à autre à l'action de corps dilatants, ils pourraient conserver indéfiniment un calibre suffisant pour l'accomplissement régulier des fonctions de l'intestin. Quand des accidents graves surviennent, il est possible d'y remédier par une opération autoplastique.

La mort, dans le cancer du rectum, survient de trois façons : à la suite de l'aggravation des troubles fonctionnels qu'il détermine de bonne heure ; à la cachexie prématurée déterminée par les pertes incessantes de pus et de sang auxquelles les malades sont soumis; enfin par suite des progrès de la cachexie cancéreuse.

L'extirpation du mal répond parfaitement aux deux premières indications que crée l'affection.

Le cancer du rectum est une des manifestations les plus pénibles de cette cruelle diathèse. Non-seulemunt les malades ont à endurer les souffrances qui accompagnent l'évolution de ce genre de tumeurs dans les autres régions, mais elle se complique encore dans cet endroit de l'irritation répétée et presque continuelle exercée par le passage des matières sur la production pathologique.

De plus, par le fait de son siége, elle ne tarde pas à enrayer les fonctions de l'intestin, au point que ce dernier devient rapidement inapte à remplir son rôle de canal transmettant au dehors les produits de la digestion.

Dès le début, la vie se trouve menacée par la persistance et l'excès même des douleurs que cause le cancer du rectum et spécialement celui qui occupe le voisinage du sphincter. Ces douleurs, souvent atroces, engagent souvent les malades à réclamer une opération avec insistance. Un peu plus tard survient l'oblitération du calibre de l'intestin et les accidents qui en sont la conséquence.

En dehors de ces circonstances, il en est d'autres encore qui hâtent l'épuisement des malades et peuvent entraîner leur perte, bien avant que ne surviennent les phénomènes de la cachexie cancéreuse. Dès le début de la maladie, on voit dans le plus grand nombre des cas s'effectuer par l'anus des pertes de mucus, de muco-pus et de sang. L'état cathectique, déterminé par ces écoulements et par les troubles digestifs qui succèdent très-vite aux premières manifestations douloureuses de l'affection, doit être distingué de celui qui détermine peu à peu l'affection cancéreuse elle-même.

Dans certains cas de cancers douloureux de la zone sphinctérienne, conséquemment les plus bas situés, l'opération fait cesser immédiatement toute souffrance. La défécation, qui jusque-là constituait un supplice tel que les malades se condamnent presque volontiers aux tourments de la faim pour éviter son retour, redevient normale.

On voit, à la suite d'opérations pratiquées dans ces conditions, les malades renaître à la santé avec une rapidité merveilleuse. Si plus tard il survient une récidive locale, on a observé (Simon de Rostock et Nussbaum) que les douleurs de la défécation ne se reproduisent plus.

Les malades ont donc pu vivre plus ou moins longtemps dans un état de santé à peu près parfaite. Lorsque survint la récidive accompagnée des phénomènes d'infection générale, ils succombèrent sans passer par l'effrayant cortége des phénomènes classiques, en quelque sorte du cancer rectal.

Il en est de même pour les écoulements sanieux et les hémorrhagies qui se font par l'anus. Nussbaum raconte

que des malades arrivés, à la suite de ces pertes, à un degré
d'anémie extrême, sont revenus à la santé au point de
pouvoir reprendre les travaux de leur profession.

Une objection en apparence très-sérieuse qui a été faite
à l'extirpation du rectnm, est relative aux récidives parfois rapides qui la suivent. Ce reproche atteint du même
coup les autres opérations dirigées contre le cancer, et
même contre d'autres genres de tumeurs assez nombreuses.
Or, il est démontré aujourd'hui que l'intervention chirurgicale prolonge la vie des individus affectés de cancers accessibles à l'opération. (1)

Pour ce qui a trait au cancer du rectum, nous avons de
nombreux exemples où non-seulement l'opération a sous-
trait les malades à des causes de mort imminentes, mais
où encore la récidive locale ne s'est manifestée qu'un temps
assez long après l'opération.

M. le professeur Verneuil compte deux cas de guérison
définitive. Velpeau en comptait deux également. Dieffenbach a vu de ses malades rester guéris pendant des années. Chassaignac, au moment de la discussion sur la
sphinctérisation à la Société de chirurgie avait dans ses
salles un malade qu'il avait opéré six ans auparavant.

Il est bon nombre d'autres cas où la récidive n'est sur-
venue que plusieurs années après l'opération. Le dernier
malade de Nussbaum survécut trois ans. Le malade de
Marjolin, que M. le professeur Richet avait opéré pour une
récidive, resta guéri pendant quatre ans à la suite de cette
seconde opération.

Ces faits, et d'autres encore que nous pourrions citer,
démontrent que la crainte d'une récidive prompte ne doit
pas être prise en considération, vu l'impossibilité dans
laquelle on se trouve de préjuger même approximative-

(1) Krebs. Erfoly der Operationen in Bezug auf Rückfälle. Schmidt's
Jahrbüch, 1867, p. 33.

ment l'époque à laquelle elle pourra se faire. Il est bien difficile, en effet, dans l'état actuel de nos connaissances, de pouvoir établir une échelle de la malignité des diverses formes du cancer. On sait cependant qu'une des moins malfaisantes, l'une de celles dont tout au moins la récidive se fait le plus longtemps attendre est le cancroïde. Or, c'est de toutes les variétés celle qu'on rencontre le plus souvent au rectum.

Résumons cette discussion en disant que rien ne contre-indique l'emploi de l'extirpation des tumeurs du rectum, pas plus la nature de l'opération ou les inconvénients qu'elle entraîne que l'affection elle-même pour laquelle on l'entreprend.

Il est des limites, cependant, que l'intervention ne saurait franchir que dans des circonstances tout à fait exceptionnelles. En d'autres termes, pour que l'opération soit possible, il est nécessaire que le mal présente certaines conditions en dehors desquelles il serait dangereux ou même téméraire de l'entreprendre.

Essayons de préciser ces limites et de résumer à cet égard la pratique de nos maîtres.

Voyons d'abord sous quelle forme se présente le plus habituellement le cancer du rectum et quel est son siége le plus fréquent (1)?

(1) D'après un relevé de V. Hecker (Schmidt's Jahrbücher, 1870) de 1857 à 1868, il est passé à l'institut pathologique de Berlin 34 cas de cancer du rectum. 17 fois, et particulièrement chez l'homme, le cancer s'était développé primitivement dans l'intestin, 15 fois il ne s'y était développé que secondairement, 2 cas sont restés douteux. De ces 34 cancers du rectum, 21 étaient des cancroïdes, 9 constitués par du cancer ordinaire, 4 seulement présentaient la forme colloïde. Le siége primitif est marqué dans 16 cas seulement. 9 fois le mal siégeait à la partie inférieure de l'intestin, 3 fois à sa partie moyenne, 3 fois à sa partie supérieure, une fois seulement dans l'S iliaque. 9 fois sur 17 cas de cancer primitif il y eut rétrécissement de l'intestin, 7 fois il y avait plutôt dilatation, 8 fois il n'y avait aucune modification dans son calibre. Peut-être cette conservation du calibre normal

Le cancer du rectum est presque toujours de la nature des cancroïdes. Le plus souvent il siége à la partie inférieuse de l'intestin; ce n'est qu'accidentellement qu'il commence à la marge de l'anus. On voit souvent cependant, à une période avancée des excroissances, envahir l'ouverture anale, et parfois former un cercle plus ou moins régulier bordant cet orifice.

Il envahit d'abord la muqueuse qui peut, pendant un certain temps, rester mobile sur les tissus sous-jacents. Puis successivement on voit se prendre les autres tuniques de l'intestin, la production morbide peu à peu franchir leurs limites, et envahir consécutivement les tissus voisins. En arrière et sur les côtés, c'est le tissu cellulaire lâche qui entoure le rectum à ce niveau qui, d'abord, est pris. Ce tissu s'indurant, contracte des adhérences plus ou moins intimes avec l'enceinte osseuse pelvienne et immobilise le rectum qui ne semble bientôt plus qu'un canal tortueux irrégulier rétréci, creusé au sein d'une masse de tissus indurés.

En avant, lorsque la paroi antérieure a été dépassée, c'est la prostate et le bas-fond de la vessie chez l'homme, la paroi postérieure du vagin et la portion cervicale de l'utérus chez la femme qui sont envahis.

A moins que le cancer ne se soit primitivement développé très-haut, le doigt peut toujours, au début, à moins de rétrécissement considérable et qui l'empêche de pénétrer, circonscrire le mal en le dépassant supérieurement. On peut, de plus, s'assurer de l'état de mobilité ou de fixité du rectum, par les mouvements que le doigt peut lui im-

---

était-elle due à l'ulcération de la masse pathologique. Parfois le rétrécissement laissait à peine passer une plume de corbeau ou une sonde de petit volume, et cela 5 fois dans le tiers inférieur, 1 fois dans le tiers moyen, 3 fois dans sa partie inférieure. 10 fois le cancer était annulaire sur les 17 cas de cancer primitif; 1 fois il était incomplétement annulaire; 3 fois sa forme n'est pas notée.

primer. Or, si un certain degré de mobilité indique que l'intestin est libre en arrière et sur les côtés, elle ne peut renseigner que très-incomplètement sur l'état des parties en avant.

De ce côté, en effet, la paroi rectale est unie à des organes mobiles et faciles à déplacer, qui, conséquemment, peuvent prêter plus ou moins dans les mouvements qu'on tente d'imprimer au rectum. Ainsi, il est très-difficile souvent de préciser si le mal n'a point envahi par points la prostate et le bas-fond de la vessie. Nussbaum tomba, sans l'avoir prévu, sur des adhérences intimes de la vessie avec la paroi cancéreuse. Aussi ces organes ont-ils été assez souvent intéressés involontairement pendant l'opération.

Ceci étant établi quelles sont les limites qu'impose l'état du mal et son étendue à l'opération. Lisfranc a posé des préceptes très-sages, qu'il a parfois enfreints, lui-même mais qui aujourd'hui encore sont respectés de la majorité des chirurgiens.

Il voulait que le doigt pût circonscrire le mal et le dépasser facilement par en haut; en second lieu que le rectum fût mobile, libre d'adhérences, de façon à pouvoir être abaissé facilement (1). Les ganglions pelviens et inguinaux doivent être sains. De plus le malade doit présenter des conditions de résistance qui lui permettent de supporter l'opération, et n'avoir point encore les attributs de la cachexie cancéreuse, à une période avancée.

Les adhérences à la prostate et à la vessie chez l'homme sont des contre-indications formelles de l'opération pour M. le professeur Verneuil. Il n'en est pas de même des adhérences avec la paroi recto-vaginale chez la femme.

---

(1) J'ai dit dans une autre partie de ce travail combien il est difficile à abaisser l'intestin de plus de 3 à 4 centimètres sur le cadavre.

Déjà Baumès, en 1839, avait emporté la presque totalité de cette cloison sans qu'il en fût résulté des accidents graves. Depuis, MM. Chassaignac et Verneuil pratiquèrent de semblables opérations.

L'expérience a démontré que la formation d'un cloaque, et Schuh insiste sur ce fait, ne constitue par une infirmité aussi grande qu'on aurait pu le supposer. Aujourd'hui peu de chirurgiens hésiteraient à sacrifier ces parties si cela était nécessaire pour compléter une éradication complète du mal.

Il peut être très-difficile de décider à quelle hauteur s'étend un cancer, lorsque le rétrécissement est tel que le doigt ne puisse le franchir. Chez la femme le toucher vaginal permet dans ces cas un diagnostic relativement facile, mais chez l'homme on ne trouve plus les mêmes conditions.

Dans des cas de ce genre, l'introduction d'une sonde à travers le rétrécissement pourrait être d'une grande utilité. L'intestin au-dessus d'un rétrécissement qui dure depuis longtemps déjà, se dilate en une ampoule qui est presque toujours plus ou moins remplie de matières stercorales. La sonde, en arrivant à ce niveau, pourrait rencontrer une résistance due à l'obstacle que lui opposeraient les matières, et donner jusqu'à un certain point la mesure du rétrécissement et conséquemment de la hauteur du cancer.

L'obstacle opposé à l'accomplissement des fonctions intestinales peut-il à lui seul autoriser le chirurgien à entreprendre l'extirpation de l'extrémité inférieure du rectum, s'il n'a pas la certitude de pouvoir emporter tout l'intestin dégénéré, et de ne pas atteindre ce que l'on pourrait appeler la zone dangereuse ? M. le professeur Verneuil répond négativement. Il conseille une opération palliative beaucoup moins grave (1) et qui en

(1) La rectotomie. (Voir Gazette des hôpitaux 1872, mémoire de M. Verneuil et discussion de la soc. chirurg.)

définitive peut conduire aux mêmes résultats. La section du rétrécissement suffit dans ces cas pour assurer l'évacuation des matières intestinales. Il a présenté dernièrement le rectum d'un malade affecté dans une hauteur considérable (12 à 15 centimètres) de cancer colloïde et sur lequel il avait pratiqué suivant son procédé la rectotomie. Ce malade put vivre quelques mois encore et ne succomba que lentement et aux progrès naturels de la cachexie cancéreuse.

En résumé, si le cancer occupe la partie inférieure du rectum, on en doit pratiquer largement l'ablation comme s'il s'agissait de la même affection située ailleurs. Il ne faut point attendre que des accidents se développent qui rendent l'opération urgente, mais opérer aussitôt qu'il est possible. Chez la femme il ne faudrait pas hésiter à sacrifier une portion de la paroi postérieure du vagin pour arriver aux limites du mal, et ne pas craindre d'établir ainsi une fistule recto-vaginale. Si la guérison se maintenait assez longtemps, rien n'empêcherait de soumettre les malades ultérieurement aux chances d'une opération autoplastique. Enfin il ne faudrait pas hésiter non plus à emporter la partie inférieure de la cloison et à former ainsi un cloaque persistant si la nature des lésions l'exigeait.

Ce n'est qu'accidentellement, et si le diagnostic n'avait pu être établi avec précision, qu'on se résoudrait à blesser la vessie ou la prostate. Les cas heureux à la suite d'une lésion pareille ne sont pas assez nombreux pour que l'on puisse se croire autorisé, en connaissance de cause, à imiter de telles hardiesses.

Dieffenbach eut l'idée d'extirper les rétrécissements qui étaient restés rebelles à tout autre mode de traitement, mais sans préciser davantage les indications de ce moyen. Le procédé qu'il employait ne devait réussir que bien rarement, d'après M. Péan, en raison de la friabilité excessive du tissu pathologique qui forme ces coarctations.

M. Péan (1) réserve l'extirpation pour les cas où le rétrécissement embrasse la totalité de la circonférence de l'intestin, est de forme cylindrique, et occupe une hauteur de plusieurs centimètres ; lorsqu'il existe au pourtour de l'anus des trajets fistuleux multiples.

Il tient un grand compte également, de l'état général des malades. Certaines à la suite des longues souffrances qu'elles avaient endurées, de traitements infructueux qu'elles avaient subies, et des troubles gastro-intestinaux qui accompagnent toujours les affections de l'extrémité inférieure de l'intestin, étaient réduites à un état déplorable.

Le système nerveux était devenu tellement irritable chez quelques-unes d'entre elles que les manœuvres exploratrices les plus ménagées, les selles mêmes leur donnaient de violentes convulsions hystériformes.

CHAPITRE IV

OBSERVATIONS ET DOCUMENTS A CONSULTER.

Nous donnons dans ce dernier chapitre les observations que nous avons pu recueillir sur le sujet que nous traitons. Plusieurs sont inédites ; certaines sont empruntées à la littérature étrangère : Les autres enfin nous ont été fournies par les recueils et publications françaises.

(1) Communication orale.

Nous ne donnons que des extraits de ces dernières.

Leur publication complète nous eût fait sortir des limites que nous devions imposer à ce travail.

VIIIe Observation, personnelle (Labbé). — Inédite.

Homme de 55 ans, d'une constitution nerveuse, à sensibilité un peu exagérée, a toujours joui d'une bonne santé jusqu'en 1851, époque à laquelle il contracta une syphilis. Les accidents secondaires furent vraisemblablement très-bénins, car le malade, qui a bien souvenir du chancre, a perdu la mémoire de ce qui en fut la conséquence.

Il y a un an qu'il s'aperçut pour la première fois que ses selles devenaient difficiles. Il n'éprouvait d'autre souffrance qu'une difficulté plus ou moins grande dans l'expulsion de ses garde-robes.

Ces accidents, pris d'abord pour de la constipation simple, furent combattus par des laxatifs, et ce ne fut qu'après avoir constaté à plusieurs reprises la présence du sang dans ses selles qu'il se décida à consulter un médecin.

Divers moyens furent conseillés (bains froids, bougies camphrées, pommades astringentes, etc.) qui porteraient à croire que l'affection fut prise d'abord pour des hémorrhoïdes.

Peu à peu les selles devinrent douloureuses et de plus en plus difficiles. Depuis quatre mois, le malade qui, au prix de grands efforts, pouvait encore auparavant vider son intestin, ne peut plus exécuter cette fonction qu'à l'aide de laxatifs qui ramollissent ses matières. En dehors des selles, il prétend aujourd'hui ne souffrir aucunement.

Il a maigri considérablement depuis quatre mois (époque à laquelle il a commencé à souffrir); son appétit est cependant suffisamment conservé et lui permet de prendre des aliments en quantité à peu près équivalente à ce qu'il consommait en état de santé.

Il n'a point éprouvé de coliques ni de phénomènes d'obstruction intestinale.

Il ne ressent aucune gêne de la miction. Il se fait par l'anus un écoulement séropurulent assez abondant pour tacher largement son linge.

Extérieurement, on ne constate aucune lésion ni aucune déformation. Le toucher rectal est extrêmement douloureux et jette le malade dans un état d'excitation telle que cette manœuvre exploratrice ne peut être pratiquée que pendant le sommeil anesthétique.

Le doigt franchit l'anus avec facilité et pénètre dans l'extrémité inférieure du rectum qui semble avoir conservé ses dimensions normales, mais dont les parois sont complètement indurées, de sorte que cet intestin se trouve transformé en un tube rigide dans lequel le doigt ne peut sentir aucune bosselure, aucun noyau faisant une saillie quelconque vers l'intestin ou en dehors de ses parois. La muqueuse a conservé son intégrité ; le doigt ne constate à sa surface aucune inégalité qui décèle une ulcération ou une perte de substance quelconque. A la partie supérieure de cette portion indurée de l'intestin, à environ 5 ou 6 centimètres de l'anus, le doigt arrive sur un rétrécissement circulaire où la dernière phalange se trouve serrée et qui paraît bien limitée par en haut.

Nonobstant cet état local grave, et malgré l'amaigrissement qu'il amène, le malade est encore doué d'une vigueur notable et ne présente aucun des attributs de la cachexie cancéreuse.

L'opération est décidée et pratiquée par M. Labbé, qui remplaçait à cette époque M. Richet.

Le malade anesthésié est mis dans la position de la taille. Deux incisions semi-lunaires sont pratiquées de chaque côté de l'anus, et la dissection est continuée du côté de l'intestin et dirigée par l'index de la main gauche, introduit dans sa cavité, tandis que le pouce tend et soulève les parties à isoler.

La dissection fut poussée jusqu'aux limites de la dégénérescence, et l'intestin fut incisé au moyen de forts ciseaux courbes sur le plat.

Il ne s'écoula que médiocrement de sang, malgré les prévisions de M. Labbé, dont l'intention primitivement était de procéder à l'incision des parties malades, à l'aide de l'écraseur. Au moment de la section de la production pathologique, quelques artères de petit volume furent divisées ; des lotions froides suffirent à arrêter l'hémorrhagie, et aucune ligature ne fut nécessaire.

La plaie résultant de l'opération fut remplie de bourdonnets de charpie qui furent maintenus par un bandage en T.

Les huit premiers jours qui suivirent l'opération, le malade éprouva un bien-être des plus remarquables. Il se produisit des selles abondantes qui vidèrent les matières accumulées dans le gros intestin, et cela sans douleur notable.

Le malade a toujours uriné facilement, il n'a éprouvé aucune douleur abdominale qui ait pu faire un instant penser au développement possible d'une péritonite.

La plaie fut, matin et soir, débarrassée des matières qui la souillaient par des ablutions d'eau phéniquée ; les choses, de ce côté, marchèrent avec régularité. Elle formait une sorte d'entonnoir profond, à face intense, hérissée de bourgeons charnus de bonne nature.

Le quinzième jour après l'opération, le malade commença à ressentir de légères douleurs abdominales.

L'écoulement des matières alvines, qui jusque-là s'était fait régulièrement, en raison de leur fluidité et en dehors de toute intervention du malade, devint plus difficile. Peu à peu le ventre se ballonna, et des signes d'une véritable obstruction intestinale se manifestèrent.

On tenta de rétablir le cours des matières en introduisant un sonde œsophagienne dans le rectum ; mais celle-ci se trouvait arrêtée à une faible distance du nouvel anus par une coarctation qui ne se laissait pas traverser. On put cependant, à l'aide d'une sonde de moindre volume, faire parvenir dans l'intestin des lavements qui, à plusieurs reprises, amenèrent de véritables débâcles.

Cependant, et malgré tous les moyens qu'on put employer pour les prévenir, les phénomènes d'obstruction intestinale s'accentuèrent de plus en plus. Le malade s'éteignit trois semaines après l'opération, après avoir eu pendant quatre jours des vomissements fécaloïdes.

A l'autopsie, on trouva le gros intestin rempli de matières fécales. Un peu au-dessus du point sectionné, le rectum était rétréci circulairement par une infiltration squirrheuse de ses parois. Il était du reste entouré par une masse néoplasique qui le fixait aux tissus voisins et s'étendait jusqu'au niveau du cul-de-sac péritonéal. On distinguait de petites plaques pathologiques jusqu'à quelques centimètres au-dessus du cul-de-sac recto-vésical.

La section transversale, qui avait séparé l'extrémité cancéreuse du reste du rectum, avait cependant porté sur un tissu sain. Il existait une double production pathologique, séparée par un intervalle limité où l'intestin était resté sain. Ce cas, ainsi que le fait observer M. Labbé, peut donner une idée des difficultés que l'on a souvent pour apprécier exactement les limites du mal, et conséquemment pour affirmer qu'on en puisse, en pareil cas enlever la totalité.

IXe Obs. (Verneuil). — Inédite.

Dame de 67 ans, très-grasse, emphysémateuse depuis très-longtemps ; atteinte autrefois, à plusieurs reprises, d'eczéma ou de lichen.

Elle se plaignit au commencement de 1870 de cuisson et de douleurs lancinantes en allant à la selle.

Trois mois après l'apparition des premiers symptômes, je constate un épithélioma limité, envahissant le bord de l'anus et remontant à un peu plus de 2 centimètres sur la face latérale gauche du rectum. La production morbide occupe à peu près le quart de la circonférence de l'intestin.

L'opération est pratiquée au mois d'avril par un beau temps et dans une maison située dans un quartier très-salubre de Paris. La tumeur est circonscrite entre quatre coups de chaîne et facilement enlevée. La perte de substance comprend le tiers de la circonférence du rectum dans toute la hauteur de la région sphinctérienne. La quantité de sang perdu a été tout à fait insignifiante. Pansements avec la charpie alcoolisée. Tout va très-bien jusqu'au huitième jour à peu près. A cette époque, survient un grand frisson avec fièvre intense ; enfin un érysipèle qui enlève la malade en quatre jours.

Xᵉ Obs. (Polaillon). — Ablation d'un cancer du rectum (*Gaz. des hôp.* 1872).

Homme de 62 ans. Tumeur mobile sur les parois du bassin ; le doigt la circonscrit dans tous ses points, sa limite supérieure est à 8 ou 9 centimètres de l'anus, c'est-à-dire dans une position où on peut l'atteindre sans ouvrir le péritoine ; elle n'occupe que la moitié latérale droite du rectum, elle est ulcérée et donne des douleurs et des hémorrhagies inquiétantes ; enfin elle adhère en avant au bord latéral droit de la prostate, et paraît formée par un polyadénome.

L'opérateur mettant à profit le procédé de M. Denonvilliers, fit une large incision étendue depuis l'anus jusqu'au coccyx ; cette incision lui permit de décoller avec les doigts, d'abord en arrière, puis latéralement, toute la portion du rectum qui supportait la tumeur. Il sectionna ensuite le rectum en arrière de la tumeur avec le fil de fer d'un serre-nœud, et en avant avec la chaîne de l'écraseur ; supérieurement la tumeur fut détachée en passant au-dessus d'elle l'anse d'un fil de fer constricteur. Le péritoine fut ménagé, ainsi que le canal de l'urèthre, mais le canal déférent droit, ainsi que la vésicule séminale de ce côté furent coupés.

A la suite de l'opération, le malade n'eut aucun accident, si ce n'est une épididymite passagère du côté où le canal déférent a été coupé. Deux mois après, il sortait de l'hôpital ; l'excision extérieure cicatrisée, n'ayant point d'incontinence des matières fécales, point de gêne dans la miction : il a repris ses forces, son embonpoint. En pratiquant le toucher rectal, on sent en avant la prostate, et latéralement une bride cicatricielle s'étendant de la prostate vers la partie postérieure de l'incision cutanée ; on constate au-dessus l'existence d'un tissu très-suspect, qui fait que l'opérateur fait toutes ses réserves sur la possibilité d'une récidive.

Quatre mois après, ce malade revint à l'hôpital de la Pitié. La partie antérieure de l'anus existe ; la paroi postérieure seule ayant été enlevée. Une petite partie de la muqueuse rectale fait saillie par l'orifice anal.

Marchand.   7

En introduisant le doigt dans l'anus, on trouve, sur la partie latérale gauche du rectum, une petite tumeur dure, arrondie, indolente, très-adhérente aux tuniques de l'intestin. Elle est de la grosseur d'une amande et ne semble pas être ulcérée. Elle est bien limitée en bas et sur les côtés, mais en haut le doigt ne la contourne pas facilement et ne la circonscrit pas exactement, en sorte qu'il est probable qu'elle se prolonge de ce côté.

Il n'est point douteux du reste que cette tumeur ne soit de même nature que celle qui a été enlevée et que ce ne soit une récidive.

Lorsque les matières fécales sont molles, le malade ne peut les retenir, mais lorsqu'elles sont dures il les sent arriver à la partie inférieure du rectum et a le temps d'aller au cabinet. Ainsi dans aucun cas le malade ne peut retenir ses matières; seulement si elles sont dures il a le temps de se précautionner. Au moment où nous l'examinons, ce malade est sorti depuis deux mois de l'hôpital des Cliniques. Il a repris son travail.

XIe Obs. (Péan). — Rétrécissement du rectum. Extirpation. Guérison. Observation due à l'obligeance de notre collègue, M. Malassez. — Inédite.

Marguerite G..., 22 ans, est entrée à Lourcine le 26 décembre 1857. Elle dit avoir eu la syphilis à l'âge de 14 ans 1/2. Elle avait alors un amant qu'elle vit deux fois à huit jours d'intervalle, et au second rapport elle ressentit une douleur au niveau de la fourchette et s'aperçut d'une petite écorchure à cette région, à laquelle elle fit peu d'attention. Mais la douleur augmenta, un écoulement survint et dix jours après elle était prise d'une courbature générale, s'accompagnant d'une jaunisse légère. Au bout d'un mois, ne se trouvant pas mieux, elle entra à l'hôpital Saint-Louis et on lui apprit qu'elle avait un chancre induré de la fourchette. On lui cautérisa ce chancre si énergiquement qu'elle ne voulut pas se soumettre à une autre cautérisation et quitta le service. Elle se rendit alors à Lourcine et fut reçue dans le service de M. le Dr Goupil, qui lui aussi diagnostiqua un chancre induré. Elle fut pansée avec de la charpie, imbibée de vin aromatique saupoudrée de calomel, et on la soumit au traitement mercuriel. Au bout de sept mois elle sortit parfaitement guérie de l'hôpital.

Huit mois après elle y rentrait (service de M. le Dr Simonet), avec un chancre mou de l'anus et un condylome. Il y avait deux mois qu'elle était avec un amant parfaitement sain à ce qu'elle croyait. Le chancre fut cautérisé, le condylome coupé, et au bout d'un mois elle sortait guérie. Elle conservait cependant un léger écoulement anal, mais ne ressentait aucune souffrance. Ce fut pendant ce séjour qu'elle eut sa première attaque de nerfs; elle perdait connaissance, se débattait, se mordait la langue mais n'avait pas d'écume à la bouche. On la traita par l'hydrothérapie, et ses accidents cessèrent.

Enfin il y a deux mois, il lui survint, et cela sans cause connue, un abcès de la paroi recto-vaginale à peu près au niveau de son ancien chancre induré. L'abcès s'ouvrit dans le rectum, puis dans le vagin, et le trajet ne se refermant pas, devint une fistule recto-vaginale. A cette époque l'écoulement anal subsistait toujours, mais elle ne souffrait pas encore et ses matières n'étaient pas déformées.

L'année suivante, des douleurs survinrent, la défécation devint très-pénible, ses matières passaient rubanées, et l'écoulement rectal augmenta; puis, dans ces derniers mois, elle eut des alternatives de constipation et de diarrhée. Tous ces troubles ne furent pas sans effet sur sa santé générale, et elle alla s'affaiblissant de plus en plus.

La malade revint à Lourcine (1er octobre 1867). M. Desprès, qui remplaçait alors M. Liégeois, la traita par la dilatation lente et progressive, à l'aide de canules et de mèches. L'introduction de ces canules était parfois si douloureuse que la malade se trouvait mal. Cependant, sous l'influence de ce traitement, son état s'améliora tellement qu'elle put sortir de l'hôpital le 14 décembre; on pouvait alors lui introduire des canules grosses comme le pouce, la défécation était moins pénible, mais elle perdait encore beaucoup par le rectum.

Lorsqu'elle fut sortie, elle négligea de continuer la dilatation rectale, et retomba plus malade que jamais; elle fut obligée de rentrer à l'hôpital le 16 décembre, dans le service de M. le Dr Péan.

Etat de la malade :

1º Le méat urinaire est entouré d'une ulcération qui ronge l'extrémité inférieure de l'urèthre; elle est rouge, saignante, fongueuse, plus profonde et plus large à gauche qu'à droite; 2º à la partie inférieure du vestibule, au niveau des caroncules, on trouve l'orifice d'un trajet fistuleux qui s'ouvre dans le rectum; 3º par le toucher rectal, on constate, au niveau des bords supérieurs du sphincter, un rétrécissement causé par des tissus mous, mamelonnés.

Le doigt, introduit dans le rectum après de vives douleurs et en éprouvant une grande résistance, arrive dans une espèce de canal régulier qui se rétrécit de plus en plus; en enfonçant un peu, on parvient à dépasser le rétrécissement. Au moyen du toucher rectal et du toucher vaginal combinés, on sent que l'épaisseur du tissu qui forme le rétrécissement est très-considérable. Avec le spéculum ani, on voit la partie inférieure du rétrécissement, qui se présente sous l'aspect d'un diaphragme à surface mamelonnée, de couleur violacée, percée à son centre d'un orifice qui semble permettre l'introduction de l'index. Les mesures prises avec une sonde à boule donnent 3 centimètres de la marge de l'anus à la partie inférieure du rétrécissement, et 2 centimètres 1/2 pour la hauteur du rétrécissement.

Le trouble des fonctions est en rapport avec ces lésions locales. La malade perd par le rectum des matières muco-purulentes très-abondantes, et la sortie de ces matières est parfois accompagnée de *ténesme*. La malade est en proie à des constipations opiniâtres auxquelles succèdent des débâcles atrocement douloureuses accompagnées d'hémorrhagies. Elle a perdu tout appétit, digère mal et a souvent des vomissements qui ont lieu surtout lorsqu'elle est constipée depuis quelque temps; elle est pâle, amaigrie, et si affaiblie qu'elle ne peut rester debout; enfin elle est d'une susceptibilité nerveuse si grande que l'examen le plus court, le plus délicat, la jette dans des crises véritablement effrayantes. Aussi demandait-elle l'opération à tout prix.

Un pareil état réclamait une intervention chirurgicale active; quatre méthodes pouvaient être employées : 1° la dilatation lente ou brusque; 2° l'incision; 3° l'excision partielle ou 4° totale.

La dilatation lente et progressive, qui avait déjà réussi une première fois, est de nouveau essayée pendant un mois; mais on est obligé d'y renoncer; l'introduction des mèches causant des douleurs intolérables et des crises hystériques qui ne cessent qu'après avoir retiré les mèches. La dilatation brusque, l'incision et l'excision partielle, moyens qui tous réussissent dans les cas de rétrécissement valvulaire, ne sont pas suffisants dans les cas de rétrécissement cylindrique, aussi épais que celui-ci. L'extirpation, malgré ses dangers, est donc le seul moyen efficace. Elle est exécutée le 17 février 1869, par M. le Dr Péan. La malade étant endormie et couchée sur le dos, ses jambes pliées et maintenues par des aides, une incision circulaire est pratiquée autour de l'ouverture anale à une faible distance de celle-ci dans le double but de ménager le sphincter externe et les téguments cutanés, afin d'éviter, s'il est possible, une incontinence ou une rétention par rétraction cicatricielle.

Cette incision faite, le rectum est disséqué jusqu'au voisinage du rétrécissement; mais, à partir de ce point, la dissection devint plus difficile en raison de la hauteur du rétrécissement, de la vascularisation, de la friabilité des tissus qui le composent et des adhérences avec les tissus environnants. Une incision verticale est alors pratiquée avec l'écraseur sur la paroi postérieure du rectum, incision qui commence au-dessus du rétrécissement et le divise dans toute sa hauteur et dans toute son épaisseur. D'autres sections verticales semblables sont faites de distance en distance.

Cela fait, les parties comprises entre ces incisions sont sectionnées l'une après l'autre, toujours au moyen de l'écraseur. Toute la partie malade ayant été ainsi enlevée, l'extrémité inférieure du rectum est attirée en bas jusqu'à 3 centimètres 1/2 environ de l'anus et fixée dans cette position par des fils allant de l'extrémité inférieure du rectum abaissé aux téguments cutanés. Comme pansement, on introduisit dans le rectum une canule à chemise, modérément bourrée de charpie et maintenue avec un bandage en T. Tilleul avec cognac comme boisson dans la journée.

La pièce examinée présente ceci de particulier qu'elle a beaucoup plus de hauteur et d'épaisseur que ne l'avait fait supposer l'examen clinique. Le tissu qui la compose est rouge violacé, de consistance molle et friable ; par places on trouve cependant quelques points plus blancs et plus durs ; les parties profondes sont également plus résistantes. Au microscope, Ordonez a trouvé une quantité considérable d'éléments embryoplastiques (cytoblastions de Robin) ; 2º une trame fibro-plastique plus serrée dans les parties profondes de la production ; 3º des capillaires nombreux ; 4º une couche mince d'épithélium pavimenteux manquant par place.

27 février, soir. La malade est très-faible, se plaint non de la plaie, mais de crampes très-douloureuses dans les membres inférieurs. Le pouls est bon. (Presc. julep diac.)

Le 28 matin. La malade a reposé la nuit, quoique réveillée plusieurs fois par ses crampes. Pouls excellent, à 60. On la sonde et on change le pansement. (Tilleul et cognac, un bouillon.) Dans l'après-midi, accès de fièvre non précédé de frisson. Le soir, facies rouge, animé ; peau chaude et humide ; pouls moins régulier et plus fréquent. Un peu de dyspnée.

Le 29. Nuit très-agitée. Le matin, la malade est très-fatiguée et se plaint de ses crampes. Fièvre dans la journée, à la même heure que la veille.

1er mars. Nuit meilleure. Potage et vin de Bagnols. Une pilule de sulfate de quinine de 0,25.

Le 2. Pas de fièvre. Le matin, la malade va très-bien. (Potage, aile de poulet, Bagnols.)

Le 3. Le mieux continue.

Le 4. Il s'est développé autour de l'anus de l'érythème que l'on attribue à l'irritation produite par les matières fécales.

Le 10. La malade va de mieux en mieux. L'érythème du pourtour de l'anus a beaucoup diminué. La plaie a un excellent aspect. Les fils des sutures commencent à tomber.

Le 16. Les fils sont tombés en sectionnant le bout inférieur du rectum qui, n'étant plus fixé, remonte à 6 centimètres environ de la plaie anale.

On continue le même pansement.

Le 30. Etat général excellent. La plaie se cicatrise activement.

12 avril. La malade se lève, mange avec appétit, reprend ses forces. L'extrémité inférieure du rectum redescend sous l'influence de la rétraction du tissu cicatriciel. Elle conserve ses matières lorsqu'elles sont soli-les; elle perd moins par le fondement. Enfin sa fistule n'existe plus.

Mai. Elle sort de l'hôpital sur sa demande ; elle perd encore du muco-pus par le rectum; la plaie n'est pas encore cicatrisée sur tous les points, le rectum est descendu à 3 centimètres 1/2 de l'anus.

26 juin. Elle vient à la consultation. La cicatrisation rectale est parfaite, d'un blanc rosé, non douloureuse au toucher, souple à la pression. En avant et en arrière, on sent au niveau de l'extrémité inférieure du rectum une partie plus résistante en forme de bride, quoiqu'à la vue on ne puisse constater de saillie manifeste. La malade retient ses matières lorsqu'elles sont dures, mais perd du muco-pus. Au reste la santé est excellente.

Le 20 août, elle rentre à l'hôpital. Elle rendait, après une constipation prolongée, du sang et perdait toujours du muco-pus par l'anus. On constate à la vue et au toucher la formation de petites brides transversales en avant et en arrière à 3 centimètres 1/2 de l'anus, à la réunion de l'intestin et du tissu cicatriciel. Elles sont extensibles, mais beaucoup moins que le tissu périphérique; ce qui le rend plus sensible. La pression, à leur niveau, ne détermine aucune douleur; mais, en pressant au-dessus, on en produit. Ce qui, avec la perte du muco-pus, ferait croire à une altération de la muqueuse rectale et peut-être à une ulcération.

On badigeonne le rectum avec du nitrate d'argent et, sous l'influence de ce traitement, l'écoulement anal et la douleur qui accompagnaient depuis quelque temps la défécation disparaissent.

Le doigt introduit dans le rectum et la malade faisant un effort comme pour retenir ses matières, on sent une légère pression au-dessous des brides, au niveau du bord supérieur du sphincter. La malade garde ses matières, lorsqu'elles ne sont pas fluides. Le 7 novembre, elle sort.

XIIe OBS. (Nussbaum). — Aertzlich. Intelligens Blatt 1863.

Le malade qui fait le sujet de cette observation était âgé de 48 ans, d'une constitution très-robuste ; il était hémorrhoïdaire depuis longtemps.

Les garde-robes, gênées au début, devinrent peu à peu plus difficiles, et bientôt se montrèrent purulentes, mêlées de sanie. Il s'affaiblit alors rapidement, et dut réclamer les secours de l'art. Il survint des hémorrhagies répétées qui l'anémièrent rapidement et le conduisirent au dernier degré du marasme.

En peu de temps le rétrécissement devint tel que les lavements ne pénétraient que difficilement. C'est alors qu'on demanda les conseils de Nussbaum, 15 décembre 1860. Le malade avait eu la veille une abondante hémorrhagie et semblait sur le point de succomber. Après l'examen pratiqué pendant le sommeil anesthésique, l'opération fut décidée et exécutée séance tenante. L'exploration avec le cathéter était restée sans résultat, le toucher rectal avait démontré l'existence d'un rétrécissement difficilement franchissable, d'une hauteur de 5 pouces environ, au-dessus duquel la portion d'intestin présumée saine était moyennement dilatée.

On circonscrivit l'anus par deux incisions elliptiques, en respectant autant que possible les fibres restées saines du sphincter. L'intestin fut isolé d'abord en arrière, puis en avant ; cette opération, pratiquée plus avec les doigts qu'avec le bistouri, fut relativement facile, grâce à la laxité du tissu cellulaire ambiant. On s'aperçut alors que la tumeur était adhérente à la prostate par sa partie la plus élevée et à la vessie dans une étendue de 3 thalers environ. Toute cette portion du cancer fut respectée et circonscrite par une incision circulaire qui donna lieu à une hémorrhagie abondante. L'opération dut être suspendue quelques minutes, et il fallut avoir recours à la compression directe. L'opérateur put alors attirer au dehors, sur une longueur de 5 pouces environ, la portion malade qui tenait encore au reste de l'intestin, en arrière sur les côtés, et qui fut enlevée par une section transversale.

Nussbaum, avant de pratiquer la suture, rechercha si les replis de Douglas n'étaient pas intéressés, il trouva le cul-de-sac péritonéal fortement abaissé, parfaitement clos, et put sentir au-dessus les anses intestinales.

On ne dut lier que deux artères, et le bord sanglant de l'intestin fut réuni à la plaie cutanée par des points de suture. La cavité fut remplie de charpie, et Nussbaum quitta le malade sans conserver grand espoir de le voir guérir.

Le segment d'intestin cancéreux resté adhérent à la vessie l'inquiétait beaucoup. La suite justifia peu ses craintes, il ne survint pas d'hémorrhagie secondaire. Les douleurs d'abord très-vives, cédèrent à l'emploi de l'opium. En peu de jours le malade se rétablit, l'appétit revint, et la défécation, d'abord involontaire et inconsciente, reprit plus tard son caractère normal. Les points de suture suppurèrent un peu, et des abcès se formèrent autour de l'intestin. Quoi qu'il en soit, la guérison ne se fit pas attendre, et deux mois plus tard le malade alla voir Nussbaum, qui ne le reconnut pas, tant il avait pris d'embonpoint. Les fonctions intestinales s'exécutaient régulièrement, il pouvait retenir ses matières et même ses gaz. Ce malade succomba treize mois après aux progrès de la cachexie cancéreuse.

XIIIe Obs. (Nussbaum.)— *Loco citat.*

Homme de 54 ans. Ce malade se présenta à Nussbaum le 29 mars 1861 pour se soumettre à l'extirpation d'un cancer du rectum qui depuis plusieurs mois lui causait les plus vives souffrances. Il était pâle, maigre, avait perdu ses forces, son appétit. Il était tourmenté par une diarrhée purulente persistante. Par l'examen direct, on constatait l'existence d'un cancer haut situé, qui occupait surtout la paroi antérieure du rectum et présentait une ulcération large, inégale, saignante, appliquée à la prostate et au col de la vessie. Le mal était suffisamment mobile pour faire croire à Nussbaum que l'opération fût possible. Le cathétérisme vésical ne fit reconnaître aucune participation de la vessie à la maladie.

Le 30. L'opération fut exécutée. Le malade étant chloroformé, et un cathéter introduit dans la vessie, le chirurgien divisa l'anus en avant et en arrière ; puis deux incisions semi-elliptiques le circonscrivant, il le sépara en arrière et sur les côtés, et ensuite, en avant, de la prostate et de la vessie. On ne put séparer la plaque carcinomateuse de la vessie dans l'étendue de deux groschen-grossen. En raison de l'exiguïté de la partie attaquée, et dans l'espoir de la guérison d'une semblable plaie, celle-ci fut emportée au moyen des ciseaux de Cooper. Il s'écoula une certaine quantité d'urine, et on put apercevoir le cathéter à travers la plaie vésicale. L'intestin fut abaissé jusqu'à ce que sa partie saine fût venue au contact du sphincter externe ; 3 pouces 1/2 environ de l'intestin furent excisés, le rectum réuni à l'anus et les deux incisions antérieure et postérieure affrontées. On ne prit aucune attention à la vessie dont la perforation était fortement revenue sur elle-même. L'hémorrhagie fut peu considérable ; aucune ligature nécessaire. Un tampon de charpie fut placé dans l'intestin, le malade replacé dans son lit. On lui fit prendre 3 gouttes de teinture d'opium, toutes les heures, pour calmer ses souffrances et éloigner ses selles. On releva ses forces au moyen de cordiaux. L'urine passait entre la paroi antérieure du rectum et les sutures périnéales. Il n'en sortait pas une goutte volontairement par l'urèthre. Le cathétérisme, pratiqué toutes les heures, en faisait écouler quelques onces.

Huit jours après, il n'en passait plus à travers les sutures ; le cathétérisme en évacuait la totalité. Parfois survenait une miction volontaire. Le malade eut également vers cette époque une selle solide. Il se rétablit lentement, cependant dès les premières semaines l'hecticité avait disparu. L'incontinence des matières fécales persista longtemps. Au bout de deux mois, le malade sentait ses selles et pouvait les retenir de même que les gaz. Son état s'améliora beaucoup, cependant il ne revint pas à une santé complète.

Des diarrhées incoercibles, un œdème des membres inférieurs, etc., l'emportèrent dix-sept mois après l'opération. A l'autopsie, on constata qu'il existait à l'anus plusieurs trajets fistuleux conduisant dans un cloaque considérable, qui était tapissé par des productions cancéreuses en suppuration.

XIV_e Obs. (Nussbaum). — Cancer du rectum ayant envahi la paroi recto-vaginale dans une grande étendue. (Loc. citat.)

Femme de 55 ans. Elle entra à la Clinique de Nussbaum, le 3 mai 1861, pour se faire débarrasser, au moyen d'une opération, d'un mal qui la tourmentait depuis déjà des années.

Elle présentait un cancer du rectum qui remontait à une hauteur de 4 pouces, adhérent au coccyx, au sacrum, ainsi qu'à la paroi postérieure du vagin. La malade éprouvait des douleurs atroces; ses selles étaient très-amincies, mêlées de sang; leur expulsion se faisait au milieu des plus vives souffrances. L'aspect de cette malheureuse était celui d'une femme de 70 ans, jaune, pâle, ridée. L'anus était entouré de nodules carcinomateux, et le doigt trouvait, à l'intérieur de l'intestin, un rétrécissement qu'il pouvait à peine franchir et faisait saigner abondamment. On pouvait, du côté du vagin également rétréci, atteindre la limite des parties saines. L'utérus, de même que les parois antérieures et latérales du vagin, était intact.

Opération le 6 mai. L'anus fut entouré de deux incisions semi-lunaires, le périnée fut divisé par une incision longitudinale. Le doigt introduit dans le rétrécissement éloignait l'intestin des parties dont il fallait le séparer; à la fin la production pathologique n'adhérait plus qu'au vagin.

Se dirigeant ensuite sur l'index gauche placé dans le vagin, il sectionna la tumeur sur les côtés, commençant vers la partie supérieure de l'utérus et des parties latérales du vagin fortement abaissées. Les portions malades séparées des portions saines, celles-ci furent suturées à la peau, et l'incision longitudinale du périnée réunie. L'hémorrhagie fut considérable, malgré l'application de sept ligatures. Un tamponnement à la charpie suffit cependant pour l'arrêter. La malade, qui déjà n'avait plus beaucoup de forces, fut très-affaiblie par l'opération. On lui donna du vin pour la ranimer, et on la réchauffa. Les douleurs furent insignifiantes jusque vers quatre heures de l'après-midi où se manifestèrent les symptômes de la péritonite. Le bas-ventre était partout sensible, surtout vers la région de la vessie, le pouls petit, filiforme, etc. Le ventre se ballonna, plus tard les extrémités se refroidirent. La malade succomba le lendemain. L'autopsie montra l'existence d'une péritonite; le petit bassin était complètement rempli de liquide fibrineux.

XV° Obs. (Nussbaum). — Cancer du rectum avec envahissement de la paroi
recto-vaginale.

Femme de 32 ans, mère de quatre enfants. En mars 1862, elle remarqua
qu'il lui était survenu autour de l'anus quelques nodules qui devinrent progressivement de plus en plus durs et remontèrent vers l'intestin. Ils se
développèrent peu à peu et finirent par lui causer des douleurs pendant la
défécation ; ce mal s'accrut vite, et il s'ensuivit un rétrécissement avec
toutes ses conséquences. Son médecin ordinaire reconnut aussitôt par
l'examen que le rectum et la paroi vaginale étaient pris de cancer ; cette
femme se trouvait enceinte à ce moment, il n'y avait donc point lieu de
penser à une opération.

Elle accoucha vers le milieu d'avril 1863, sans aucunes difficultés, d'un
enfant bien portant, bien que, en dépit de tous les moyens employés, on ne
pût plus provoquer de selles. La tumeur prit un accroissement rapide. Après
l'accouchement, il survint des phénomènes de rétention intestinale, des
vomissements fécaloïdes. La malade ne prenait plus aucun aliment, le pouls
était petit (110 pulsations à la minute). En un mot, la vie de la malade
approchait chaque jour et très-rapidement de son terme.

Nussbaum la vit le 16 mai. L'examen par le rectum fut impossible ; car,
loin de pouvoir y introduire le doigt, on ne pouvait même pas y passer une bougie de petit calibre. Le vagin était également très-rétréci par
une tumeur qui pouvait avoir le volume des deux poings ; cependant le
doigt pouvait de ce côté constater que la tumeur était mobile. L'utérus
était sain à une certaine distance de lui ; la paroi postérieure du vagin, ainsi
que ses parois latérales, étaient également saines.

Comme le vagin était remarquablement allongé, on eut beaucoup de
peine à pouvoir établir les limites supérieures du mal. Tout d'abord, elles
semblaient inaccessibles et étendues par delà l'utérus ; mais on reconnut
après quelques recherches que les tumeurs dures, si haut situées qu'on les
atteignait avec peine, n'étaient que des matières accumulées et que le
mal était limité à une hauteur d'environ 5 pouces. L'amaigrissement de la
malade, la faiblesse de son pouls, ses vomissements fétides, ce fait que
depuis trente jours on n'avait obtenu aucune selle, déterminèrent le chirurgien à tout tenter ; c'était également l'avis de deux médecins consultants.
Il fit part à la famille et à la malade des craintes et des espérances qu'on
pouvait concevoir, et vers les sept heures du soir, après avoir obtenu le
consentement des parties intéressées, il pratiqua l'opération suivante : la
malade soumise au chloroforme fut couchée sur le côté. L'anus fut circon-

scrit par deux incisions semi-lunaires, après qu'une incision longitudinale eut divisé le périnée. Le sphincter put être écarté de la masse pathologique au moyen des doigts. Celle-ci fut isolée en arrière et sur les côtés sans trop de difficultés; puis on exerça sur elle de fortes tractions qui amenèrent au dehors une certaine portion d'intestin sain.

En se guidant sur le doigt introduit très-haut dans le vagin, on sépara l'intestin cancéreux et confondu avec la paroi du vagin des parties supérieures et latérales de cet organe, et conséquemment de l'utérus. Le péritoine déprimé par l'intestin rempli de matières, descendit jusque dans la vaste excavation qu'avait pratiquée le chirurgien, pendant qu'on exerçait de fortes tractions pour amener les parties du rectum restées saines jusqu'à la rencontre du sphincter qui avait été conservé.

L'hémorrhagie ne fut pas considérable; deux artères seulement furent liées. L'intestin malade fut complètement séparé des parties ulcérées, réuni à la peau; la section périnéale fut également suturée; la portion abaissée du rectum était élargie des deux tiers. Deux vases furent aussitôt remplis de matières dures et pelotonnées. Un tampon de charpie fut introduit dans l'intestin, et une éponge placée dans le nouveau vagin. La malade éprouva à son réveil de vives douleurs vers le vagin, l'utérus et l'intestin ; elle était très-affaiblie et fut relevée par des moyens convenables.

Dès le jour suivant Nussbaum en eut des nouvelles favorables; les douleurs avaient cessé et les forces revenaient; une selle volontaire eut lieu sans douleur, le médecin ordinaire lui continua ses soins. La tumeur avait le volume du poing et une hauteur des 5 pouces.

Quelques jours après Nussbaum revit la malade et fut frappé de la retrouver en si excellent état. Elle se leva au bout de quatre semaines, et put déjà reprendre en partie les soins de son ménage. Le sommeil, l'appétit, les selles, tout était normal. Il est très-remarquable que déjà huit jours après l'opération, la malade perçût la sensation des gaz et des matières, et qu'elle pût les conserver. En comparant l'état de la malade quatre semaines après l'opération avec ce qu'elle était auparavant, on ne peut s'empêcher d'éprouver une vive satisfaction, et d'espérer pour elle un avenir long et heureux.

XVIe Obs. (Nussbaum). — Loc. citat.

Au commencement d'octobre 1866, on amena à Nussbaum un malade qui depuis seize jours n'avait eu aucune selle, et qui ne pouvait recevoir aucun lavement. Plusieurs hémorrhagies rectales l'avaient mis dans le plus grand danger. Il avait uriné du sang à plusieurs reprises.

L'exploration fut rendue très-difficile en raison de l'étroitesse du rétrécissement. Il fallut introduire le doigt de force au travers, ce qui occasionna une hémorrhagie rectale et en même temps de l'hématurie, et fit constater ainsi l'existence d'une fistule vésico-rectale d'origine carcinomateuse.

Un cathéter ut introduit dans la vessie, et on trouva qu'une partie de l'urèthre, la prostate en totalité et un morceau du col de la vessie étaient englobés dans la tumeur rectale. Bien que Nussbaum eût pu constater à une distance de 4 pouces les limites du mal et rencontrer les parois normales de l'intestin, et qu'il eût déjà plusieurs fois extirpé des portions adhérentes de la vessie, l'étendue du mal lui semblait trop considérable pour qu'une extirpation pût être entreprise. Il prescrivit la dilatation mécanique du rétrécissement, un régime réparateur et l'usage des styptiques contre les hémorrhagies. Deux jours après, le malade avoua que ce traitement lui était très-douloureux et ne lui inspirait aucune espérance. Il supplia à mains jointes qu'on voulût bien entreprendre une opération, quoi qu'il dût arriver.

On le prévint des dangers que l'intervention chirurgicale lui ferait courir, et de plus de l'incontinence d'urine qui en résulterait dans le cas le plus heureux. Malgré cela, le malade et sa famille persistèrent à réclamer l'opération. Plusieurs collègues auxquels Nussbaum exposait le plan de conduite qu'il allait tenir ne voulurent donner aucun avis, mais l'assistèrent cependant dans l'opération qu'il entreprit le 14 octobre 1866. Le malade étant endormi, l'anus circonscrit par deux incisions semi-lunaires, avec le doigt il pénétra de plus en plus haut, en repoussant en dehors les fibres du sphincter externe, dont une certaine partie était encore intacte. Il parvint ainsi à une hauteur de 4 pouces, dans un tissu à mailles élastiques, grandes et larges, assez faciles à écarter pour permettre la séparation de l'intestin, qui n'était plus adhérent qu'en avant avec la prostate et la vessie.

Il ne resta d'autre ressource que d'enlever la partie adhérente du col de la vessie, la prostate en totalité, et le tronçon d'urèthre qu'elle entoure.

L'hémorrhagie fut considérable, mais après la ligature de quatre vaisseaux, des lotions froides suffirent pour arrêter tout écoulement sanguin. L'intestin fut attiré jusqu'à ce que la partie saine fût de niveau avec les téguments ; puis les parties dégénérées furent emportées par une section horizontale. Trois cuvettes furent successivement remplies de matières fécales, et l'intestin fut fixé à la peau par dix points de suture. Une sonde élastique ressortant par le périnée, en avant de l'intestin suturé, fut placée dans la vessie. Le calibre du gros intestin présentait le double de sa largueur normale, ce qui était en rapport avec la longue durée du rétrécissement dont les premiers symptômes remontaient à cinq ans.

Dans la masse extirpée on ne pouvait plus reconnaître les limites de l'intestin, de la prostate et de l'urèthre. La section cependant avait porté sur des tissus sains. Nussbaum quitta l'opéré plein d'inquiétude, pensant qu'une vive inflammation des parties intéressées allait survenir, qui le mettrait dans le plus grand péril. Le malade était tellement affaibli qu'un des médecins assistants voulut rester jusqu'à ce qu'il eût cessé de vivre.

Mais, après la cessation de l'écoulement sanguin et après le pansement, le malade reporté dans son lit et réconforté par des cordiaux, revint si bien à lui dans l'espace de quelques minutes que bientôt tout danger de mort imminente disparut. Dans les premiers jours, la réaction fut très-forte. Chaque soir le thermomètre atteignait dans l'aisselle 40°, le pouls avait 130 à 140. L'urine s'écoulait par le périnée autour du cathéter ; elle était sanglante et exhalait une mauvaise odeur.

Le malade eut quelques frissons, et bientôt la sonde devint insupportable. Elle fut retirée en même temps que quelques points de suture furent enlevés. On se borna à des injections d'eau iodée dans la plaie et à des bains également tièdes. Le cinquième jour, il survint une hémorrhagie qui fut déterminée par une selle. Un volumineux tampon de charpie introduit dans le rectum, et assujetti par un bandage en T arrêta rapidement l'écoulement sanguin. On put dès le lendemain retirer le tampon et le bandage.

Rien ne survint plus, digne d'être noté. Le rectum se réunit tout autour, excepté en avant où il resta une solution de continuité par laquelle s'écoulait l'urine. Celle-ci ne coulait pas continuellement, mais de temps en temps; elle se vidait en jet volumineux et poussé avec force. Au moment où se produisait cette sorte de miction, le malade éprouvait chaque fois un chatouillement dans la fosse naviculaire, qui l'engageait à s'approcher du vase, car il éprouvait la même sensation qu'il aurait eue si l'urine avait dû se vider par l'urèthre. Il réclama souvent qu'on lui pratiquât le cathétérisme ; on le tenta à plusieurs reprises pour le satisfaire ; mais la sonde ne dépassait pas la région membraneuse, où son extrémité arrivait dans un cul-de-sac. Les plaies guérirent très-bien ; les sutures furent toutes enlevées le onzième jour. Il se forma pendant ce temps une sorte de soupape entre le rectum et la vessie qui laissait parfaitement l'urine parvenir dans le rectum, mais s'opposait absolument au passage des fèces dans le réservoir urinaire. Le malade avait une selle solide tous les deux ou trois jours; toutes les vingt ou trente minutes il rendait son urine par l'anus. Tout écoulement de ce liquide par la plaie périnéale avait cessé dès le seizième jour. Vers la quatrième semaine le malade put se tenir levé plusieurs heures. Il ne laissait échapper involontairement ni gaz, ni urine, ni matières stomacales, quand il avait la précaution de vider sa vessie toutes les heures. Il était évident que quelques fibres du sphincter avaient été conservées. Nulle part d'excoriation ni de fistules.

Au mois de décembre, le malade quitta Munich; trois mois après, Nussbaum le revit. Il était très-satisfait de son état; il semblait fort, bien portant, et pouvait diriger de nouveau, en partie tout au moins, les travaux de son état. Chaque année, il revenait voir son chirurgien et lui manifestait son contentement. La dernière fois qu'il fut revu, il pouvait garder son urine deux ou trois heures. Malheureusement, en l'examinant avec soin, on trouva que cette amélioration apparente était due à une récidive. Peu à peu il se développa des nodules qui rétrécirent l'orifice recto-vésical et permirent au malade de conserver plus longtemps son urine. Mais son état s'aggrava, et il finit par succomber au progrès de la cachexie cancéreuse.

XVIIe Obs. (Schuh). — Abhandlung : der chirurgie und operations-lehre. Wien 1867.

Femme de de 32 ans. Six mois avant son admission à l'hôpital, il s'était développé un nodule à l'anus qui augmenta peu à peu. En octobre 1846, lors de son entrée, la dégénérescence formait un bourrelet annulaire, rouge clair, dur, renversé en dehors, qui s'étendait à 3 pouces par en bas. La paroi recto-vaginale était saine. La masse ne faisait aucune saillie et était uniformément unie ; supérieurement ses limites étaient nettement déterminées par un relief circulaire. Le doigt atteignait difficilement les limites du mal. L'examen lui faisait éprouver une douleur aussi forte que les selles, et qui persistait plusieurs heures. La malade ne pouvait demeurer que couchée et non assise. Elle était pâle, maigre, avait le pouls rapide, mais pas de fièvre.

Opération : L'index gauche est introduit dans le rectum, le doigt d'un aide dans le vagin. Deux incisions demi-circulaires entourant complètement l'anus sont pratiquées en dehors du bourrelet à travers la peau, le tissu cellulaire et le sphincter externe. Le rectum est séparé des tissus environnants ; la dissection de la paroi recto-vaginale fut faite, mais moins haut que dans les autres parties, pour permettre d'attirer l'intestin au dehors avec plus de facilité. Cette manœuvre réussit si bien qu'une partie saine de l'intestin devint accessible. La partie saillante fut fendue avec des ciseaux, à sa partie antérieure et suivant sa longueur, pour établir les limites du mal. Une section transversale avec les ciseaux et le bistouri sépara les parties malades. En explorant ensuite avec le doigt, l'opérateur sentit à la partie supérieure un nodule dur, qu'il abaissa, fixa avec un crochet et coupa avec des ciseaux. L'hémorrhagie, assez forte, fut arrêtée par des injections d'eau froide. Quelques points de suture fixèrent l'intestin à sa partie inférieure.

La dégénérescence atteignait presque sur tous les points les deux membranes de l'intestin ; mais, vers les limites du mal, la muqueuse seule était prise, et sur une section transversale on pouvait saisir les limites qui existaient entre la muqueuse et la musculeuse. La surface tournée vers la cavité intestinale avait l'aspect irrégulier mentioné plus haut ; la masse était traversée par des fibres entre lesquelles se trouvait une substance parenchymateuse. La malade guérit en quelques semaines et put conserver ses selles. Depuis ce temps, elle fut perdue de vue.

XVIIIe Obs. (Schuh). — Loc. citat.

Femme de 31 ans, mère de deux enfants, de constitution délicate. Pendant sa dernière grossesse qui datait de deux ans, cette femme éprouva dans la région lombaire et sacrée des douleurs assez vives, et comme un sentiment de plénitude dans l'intestin ; les selles devinrent douloureuses et mélangées d'un ichor fétide et sanguinolent. Cinq mois auparavant, un tubercule s'était développé à la marge de l'anus. Pendant son accroissement, il survint du ténesme et de l'incontinence de matières fécales. Le rectum est incomplètement entouré par un ajutage circulaire qui semble formé par la réunion de condylomes d'une longueur de 1 pouce 1/2 à 2 pouces. Cette saillie est terminée à son extrémité par un cercle régulier ; ces productions sont tapissées par la peau de l'anus qui les recouvre en dehors. La paroi opposée, au contraire, paraît irrégulière et comme persemée d'ulcérations d'un blanc jaunâtre semblables à celles du cancer épithélial.

Cette production, qui était ferme et dure par endroits, entourait l'anus, remontait vers le rectum et le rétrécissait beaucoup. Elle s'étendait sous forme d'un tube verruqueux inégal qui n'atteignait pas partout la même hauteur et se terminait par un bord en forme de bourrelet. Vers les régions postérieure et latérales, le mal s'étendait jusqu'à la hauteur de 3 pouces, de sorte qu'il atteignait le niveau du péritoine, tandis qu'en avant il ne remontait qu'à 2 pouces. Le rectum n'était point immobilisé et le doigt recourbé au-dessus du bourrelet terminal pouvait l'abaisser avec assez de facilité ; la paroi postérieure du vagin était également mobile ; les glandes inguinales étaient quelque peu prises, et l'examen donnait lieu à un léger écoulement sanguin.

La malade ne pouvait s'asseoir ; il lui était aussi très-douloureux de rester couchée sur le dos. Elle était au surplus affaiblie par un séjour au lit de plusieurs mois, mais elle n'avait pas de fièvre et tous les autres organes étaient sains. Malgré l'étendue considérable du mal, encouragé par des succès antérieurs, Schuh entreprit l'opération le 16 avril 1852. Après avoir séparé l'intestin en arrière et sur les côtés des parties environnantes et avoir disséqué, au milieu d'une hémorrhagie considérable, la paroi recto-vaginale dans la hauteur de 1 pouce 1/2, il abaissa la tumeur au moyen de pinces de Museux. Mais l'abaissement ne fut pas aussi considérable qu'il l'avait vu reproduire dans d'autres cas; il continua la dissection sur les côtés. Pendant cette dissection, il blessa la muqueuse du vagin dans l'étendue de 1 1/2 pouce. Il fendit avec des ciseaux l'intestin pour sentir et même voir les limites du mal et il sépara en plusieurs coups et par une section transversale l'intestin sans suivre toutefois une ligne régulièrement circulaire.

Les lèvres de la blessure de la paroi postérieure du vagin, qui avaient une certaine épaisseur, furent réunies par une suture pratiquée par le vagin; puis les bords de l'intestin furent abaissés et suturés avec la peau. Malgré les efforts qu'il fit pour maintenir l'intestin abaissé, sa réunion à la peau fut imparfaite. Cette manière de procéder, outre ses autres avantages, avait celui d'interdire l'entrée des matières fécales dans le vagin. Après l'opération, la malade se trouva très-affaiblie par la perte du sang et l'action du chloroforme; le pouls était à peine sensible; on la ranima par du vin chaud et on excita la circulation en la rechauffant. Elle eut deux selles dans la journée.

Le 17. Vomissements, forte fièvre, écoulement séro-sanguinolent assez abondant entre les points de suture, muqueuse rouge, frisson pendant la nuit. Les jours suivants les frissons se répétèrent, la peau devint jaunâtre, et les sutures se déchirèrent, ce qui permit au rectum de remonter d'un 1 2 pouce. La plaie commença à suppurer.

Le 23. Le ventre était ballonné et sensible; les pieds et particulièrement le pied droit étaient œdémateux. La mort survint le 25.

Autopsie. — La cavité abdominale contenait environ 1/2 litre d'un liquide blanc jaunâtre purulent, mêlé de caillots fibrineux. Le péritoine pelvien était fortement injecté par places et le foie rempli d'un grand nombre d'abcès de la grosseur d'un pois à celle d'une noisette. La rate était volumineuse, parsemée de foyers métastatiques. A la place de l'extrémité inférieure du rectum existait une cavité dont les parois étaient formées d'un tissu cellulaire infiltré de pus. La muqueuse de l'intestin se terminait par un bourrelet œdémateux et le tissu conjonctif sous-muqueux était infiltré de pus dans la hauteur de 1 pouce 1/2.

Le péritoine, vers le replis de Douglas, présentait une perforation de l'étendue d'un silbergrosschen. Le péritoine était ramolli aux environs, et le tissu cellulaire sous-péritonéal infiltré de pus. Le réseau veineux de cette région était rempli partie de pus gris rougeâtre, partie de caillots d'un brun sale.

Les veines de la matrice au niveau du col étaient élargies et remplies de pus. La veine crurale droite contenait un caillot d'une longeur de 4 pouces.

XIXᵉ Obs. (Simon de Rostock). — Carcinome épithélial chez un homme de 24 ans, s'étendant à une hauteur de 4 à 5 centim. Extirpation. Récidive six mois après. Mort neuf mois après le début du mal. (Deutche Klinik, 1866.)

Ce cancer s'étendait de l'orifice anal à près de 5 centimètres dans l'intestin. Le mal empiétait sur la peau du périnée qui était attaquée jusqu'à sa partie moyenne, seulement dans ses couches les plus surperficielles. Le malade était très-affaibli par des troubles abdominaux, par la suppuration et par des pertes de sang. L'anus était presque entièrement obturé, et les matières ne pouvaient le traverser qu'au prix de telles souffrances que le malade se privait de manger pour éloigner les selles autant que possible. Le chirurgien extirpa la totalité de l'extrémité inférieure du rectum dans une étendue de 5 centimètres et en même temps la production cancéreuse du périnée. Après hémostase, l'extrémité inférieure de l'intestin fut réunie à la peau, après l'avoir mobilisée autant que faire se pouvait.

Le malade supporta fort bien l'opération; mais l'extrémité du rectum fixée à la peau se désunit, et celui-ci remonta vers le fond de la plaie.

L'ouverture se rétrécit; mais on put, au moyen de mèches, la maintenir suffisamment large pour permettre aux selles de s'effectuer facilement. L'incontinence des matières, qui persista en même temps, ne fut prise qu'en médiocre considération par le malade, car il n'allait à la selle qu'une fois par jour et à une heure déterminée.

Il revint à des conditions de santé telles que, huit semaines après, il avait l'intention de rentrer en service. Six mois après l'opération, le mal récidiva et se développa sur la paroi antérieure et l'extrémité inférieure de ce qui restait d'intestin.

En même temps les ganglions inguinaux se prirent.

A cette époque, une nouvelle tentative d'extirpation eût été très-périlleuse et sans résultat; le malade succomba six semaines après la constatation de la récidive aux progrès de la cachexie cancéreuse, mais sans avoir éprouvé à nouveau les violentes souffrances qu'il avait endurées avant l'opération. L'opération fut pratiquée avec le bistouri.

Dans les trois cas suivants dans lesquels le carcinome du rectum présentait l'aspect encéphaloïde et avait gagné beaucoup en étendue, l'opération

Marchand.   8

amena à sa suite une amélioration qui rendit aux malades leur état supportable bien que pour un temps très-court.

XX⁰ Obs. (Simon de Rostock), Deutsch klinik, 1866, p. 431.—Tumeur encéphaloïde comprenant la paroi postérieure et latérale de l'intestin. Extirpation par l'écraseur. Récidive six mois après. Mort neuf mois après l'opération.

L..., ébéniste, admis le 7 avril 1864 à l'hôpital, très-affaibli, perdait du sang par l'anus en même temps qu'il était affecté d'un écoulement muqueux; il éprouvait en outre, pendant la défécation, des douleurs très-vives. On trouva dans le rectum, à 2 centimètres au-dessus de l'anus, une tumeur dont le volume dépassait celui du poing, qui s'était développée aux dépens des parois postérieure et latérales de l'intestin. Celui-ci était très rétréci; il ne restait en avant qu'un passage étroit pour les matières fécales, qui stagnaient au-dessus du rétrécissement, tandis qu'il s'écoulait par l'anus un liquide muqueux mêlé de sang, d'odeur très-fétide. La tumeur remontait jusqu'à 5 centimètres au-dessus de l'anus, était recouverte d'une muqueuse lisse, au-dessous de laquelle rampaient des veines volumineuses et pouvait être circonscrite suffisamment pour que son extirpation totale fût possible. Celle-ci fut exécutée au moyen de l'écraseur; l'hémorrhagie fut de peu d'importance; le malade supporta bien l'opération. Quand il quitta le service, six semaines après, sa plaie était presque entièrement cicatrisée, et il se trouvait dans un excellent état. Il revint six mois après. L'examen fit voir que plusieurs tumeurs s'étaient développées dans le rectum, quelques-unes situées si haut que toute opération était impossible. Les matières fécales cependant ne stagnaient plus comme par le passé; des lavements d'eau tiède administrés chaque jour et de la morphine à l'intérieur rendirent au malade son état supportable. La mort survint six semaines après des progrès de la cachexie cancéreuse.

XXI⁰ Obs. (Simon de Rostock), Deutsch klinik, 1866.—Tumeur encéphaloïde du rectum développée au pourtour de l'anus et sur le périnée. Extirpation au moyen de l'écraseur et de l'instrument tranchant. Récidive quatre mois après. Mort le cinquième mois.

A. Sch..., 54 ans, entra à l'hôpital le 20 avril 1865 pour un cancer du rectum. Tout autour de l'anus il existait un large bourrelet de tubercules encéphaloïdes ulcérés qui s'implantaient sur lui et avaient envahi le périnée presque jusqu'à la racine des bourses. Dans le rectum, ces nodosités s'élevaient si haut qu'à peine était-il possible de les dépasser avec l'extrémité du doigt, qui ne pouvait pénétrer qu'avec peine dans l'intestin. La rétention des matières déterminait les plus vives souffrances et parfois même des vomissements de matières fécaloïdes. L'anus ne pouvait donner passage qu'à quelques matières mêlées de sang et de mucosités qui irritaient les parties avec lesquelles elles venaient au contact et déterminaient de vives souffrances. Malgré cet état qui ne permettait de conserver aucun espoir et sur les instances du malade on entreprit l'opération. Les nodosités encéphaloïdes qui bordaient l'anus furent enlevées au moyen de l'écraseur; la tumeur annulaire de l'intérieur de l'intestin fut abaissée et amenée à l'extérieur, on chercha à l'enlever par partie au moyen de l'écraseur, mais on vit bientôt qu'en procédant ainsi on n'atteindrait le but que partiellement et avec lenteur. Le chirurgien employa alors le bistouri et les ciseaux pour enlever la production pathologique qui fut extirpée en totalité. L'hémorrhagie fut considérable. Quatre artères furent liées et quelques endroits saignants furent tamponnés avec du perchlorure de fer. L'opération n'en fut pas moins très-bien supportée. Le malade, quelques jours après, mangea avec appétit, n'ayant plus à craindre les vives douleurs que lui causaient les selles. Celles-ci devinrent presque absolument insensibles après la cicatrisation de la plaie. Au bout de six semaines, le malade quitta l'hôpital complètement guéri; il revint le 1er août de la même année; de nouvelles excroissances s'étaient développées dans l'intestin et au lieu de l'opération; on les extirpa cette fois encore, mais d'une façon suffisante seulement pour permettre aux selles de s'accomplir facilement. Mort le 28 août; deux jours auparavant, on lui avait pratiqué la ponction de la vessie en raison de l'oblitération complète du col vésical par des masses cancéreuses.

XXIIᵉ Obs. (Simon de Rostock). — Tumeur encéphaloïde volumineuse de l'extrémité inférieure de l'intestin, de l'anus et du périnée. Opération au moyen de l'écraseur et de l'instrument tranchant. Sortie huit semaines après dans un état d'amélioration très-notable.

B..., 45 ans, entra à l'hôpital le 5 juin 1865. Il portait une tumeur annulaire qui entourait l'anus et gagnait le périnée. Les parois du rectum étaient prises également dans une étendue de 4 centimètres à partir de l'anus. Le rectum était très-rétréci; les tumeurs suppuraient et donnaient lieu à la production d'un écoulement muco-sanglant. Les douleurs de ce malade étaient excessives; des troubles digestifs et des pertes incessantes l'avaient considérablement affaibli. L'extirpation fut exécutée en partie au moyen de l'écraseur, en partie au moyen de l'instrument tranchant. Sur la paroi postérieure de l'intestin, un nodule volumineux fut enlevé au moyen de l'écraseur, tandis que toutes les autres parties durent être extirpées au moyen des ciseaux et du bistouri. Bien que le malade fût très affaibli, qu'il y ait eu une hémorrhagie très-abondante, la réaction, après l'opération, ne fut que peu considérable. Le malade put se lever quatre semaines après; il quitta l'hôpital au bout de sept semaines ; son état s'était considérablement amélioré, la défécation s'effectuait sans souffrance ; et, malgré une incontinence des matières fécales, son état était bien préférable à ce qu'il était avant l'opération. Une récidive survint qui emporta le malade; on ne dit pas après combien de temps.

XXIII⁰ OBS. (Simon de Rostock).—Carcinome épithélial siégeant à 3 centim. de l'ouverture anal. Mort le sixième jour après l'opération.

Homme de 41 ans, affecté d'un cancer annulaire d'une longueur de 2 à 3 centimètres dont le bord inférieur descendait jusqu'à 3 centimètres de l'anus. L'intestin était tellement rétréci qu'on ne pouvait parvenir dans les parties situées au-dessus qu'au moyen d'une sonde de petit volume. Les douleurs étaient très-considérables ; plusieurs fois le malade avait eu des vomissements fécaloïdes. Pour l'opération, le rectum fut élargi au point de pouvoir admettre un spéculum vaginal de forte dimension. Le cancer annulaire fut saisi au moyen d'un crochet aigu, attiré aussi bas que possible et extirpé avec toute l'épaisseur des autres tuniques de l'intestin en évitant avec soin l'urèthre. L'hémorrhagie fut considérable, quatre artères furent liées. Par suite de cette excision, il existait dans l'intestin une solution de continuité annulaire de 2 centimètres et demi de hauteur environ. Les bords de la plaie furent affrontés et réunis ensemble au moyen de 12 points de suture. On put les amener au contact sans tiraillements trop considérables. Le troisième jour, il se développa une péritonite qui amena la mort le sixième jour.

L'autopsie ne put être faite, mais l'auteur pense que le péritoine était resté parfaitement intact. D'une part, l'opération n'avait pas porté jusqu'à la hauteur du cul-de-sac péritonéal et d'autre part on ne voyait aucune trace de péritoine sur la pièce extirpée.

XXIV⁰ OBS. (Dieffenbach). Die operative chirurgie. (Leizig, 1845.)

Homme, 50 ans, souffrait depuis longtemps de selles irrégulières et éprouvait des douleurs à l'anus, qu'on attribuait à des hémorrhoïdes. L'état s'aggravait, Dieffenbach fut appelé et diagnostiqua un cancer du rectum. L'orifice externe était sain. Le doigt, au toucher, parvenait dans une portion de l'intestin rétrécie, bosselée, mais ne pouvait atteindre les limites supérieures du mal. L'usage de bougies pendant plusieurs mois améliora son état ; mais ce traitement, associé à la tisane de Zittmann, ne put le guérir. Le malade réclamait l'opération, qui fut considérée du reste comme son seul moyen de salut. L'ouverture anale fut fendue en avant et en arrière ; le rectum, dont les parois avaient atteint l'épaisseur d'un demi-pouce, fut disséqué avec des ciseaux dans sa partie externe et attirée au dehors avec un double crochet. Unesection transversale pratiquée dans la partie saine isola la partie malade qui avait 2 pouces et demi.

L'extrémité saine de l'intestin fut abaissée et fixée à la peau de l'ouverture anale par des sutures. La guérison fut, après trois semaines, si complète que la malade put reprendre ses occupations. Je l'ai revu quatre ans après, bien portant.

XXVe Obs. (Dieffenbach). — Loc.cit.

M. X..., 50 ans, souffrait depuis longtemps d'un cancer au rectum et avait été traité par tous les moyens possibles. Les selles, qui s'effectuaient au travers d'une tumeur cancéreuse exulcérée, d'une dureté cartilagineuse, étaient devenues très-difficiles. Du côté droit, l'ouverture anale était détruite par une ulcération qui empiétait sur la peau ; les forces du malade étaient en bon état, mais le cancer était vaste et on ne pouvait déterminer son extrémité supérieure. L'impossibilité d'augmenter le calibre de l'intestin, dont l'orifice ne dépassait pas un tuyau de plume ; les douleurs que des narcotiques ne pouvaient apaiser, de fréquentes hémorrhagies et les supplications du malade firent entreprendre l'opération. D'abord l'ouverture anale fut fendue en arrière aussi loin que possible, puis la partie malade fut circonscrite par une incision. La dissection fut continuée avec des ciseaux, l'intestin attiré avec des pinces à griffes et séparé des parties environnantes jusqu'à ce que deux bons tiers de sa longueur fussent abaissés. Enfin on atteignit le tissu sain ; on disséqua plus loin encore et par une une section transversale on sépara la partie malade. Puis on traversa par des sutures l'extrémité saine, et on put l'abaisser au point de la fixer au côté gauche de la plaie. En deux mois le malade fut guéri, il quitta Berlin et mourut quatre ans après d'apoplexie, sans avoir eu de récidive.

XXVIe Obs. (Simon Duplay), Gazette médicale de Paris, 1872, p. 486.

Femme de 54 ans. Début du mal par une procidence du rectum. Un point s'irrita et devint le siège d'un prurit circonscrit. Dix-huit mois plus tard, il s'était développé à cet endroit une tumeur qui bientôt rendit le prolapsus tout à fait irréductible. Peu à peu les souffrances augmentèrent, des pertes de sang survinrent, la malade s'amaigrit.

Aujourd'hui, pourtour anal entouré de petites tumeurs; il en est une à droite du volume d'un œuf, aplatie, dure, ulcérée; sa base large proémine sur la région péri-anale.

Le doigt passe avec difficulté dans le rectum rétréci. La muqueuse est envahie dans une hauteur de 4 centimètres.

L'opération fut pratiquée suivant le procédé de Denonvilliers, au moyen de l'instrument tranchant.

La guérison fut complète en deux mois et demi.

Il n'existait pas d'incontinence. La muqueuse intestinale rosée faisait une saillie légère.

XXVIIe Obs. (Dolbeau, 1865, thèse de Fumouze).

Femme de 42 ans, entrée le 12 janvier 1865. Début il y a un an. Difficulté des selles ; alternatives de diarrhée et de constipation. On voit saillir du rectum de petites tumeurs fongueuses aplaties. De petites tumeurs semblables siégent sur la paroi rectale dans une hauteur que le doigt peut facilement dépasser.

Le 24. Opération avec le bistouri suivant le procédé de Denonvilliers. La dissection du rectum et l'incision de sa paroi postérieure sont exécutées sans qu'il soit nécessaire de placer une seule ligature. L'excision de l'intestin est suivie de l'ouverture de petites artères qui toutes sont liées avec facilité. La dissection de la paroi recto-vaginale s'accomplit sans difficulté. La quantité de sang perdue peut être évaluée à deux verres.

Dans le courant de février, la plaie se trouve complètement cicatrisée. La malade a repris de l'embonpoint ; mais elle a une incontinence des matières fécales. Elle peut difficilement faire une selle complète; car le bol fécal n'est pas entièrement expulsé, ce qui tient à l'absence de sphincter.

Juillet. La malade a de fréquents besoins d'aller à la garde-robe. L'orifice anal laisse passer des matières puriformes un peu teintes de sang.

Par le toucher rectal on constate :

1º Un anneau cicatriciel qui ferme l'intestin et permet à peine l'introduction du doigt;

2º Au-dessus, la muqueuse est souple; mais elle présente en un point une induration douloureuse qui fait craindre une récidive.

XXVIIIe Obs. (Dolbeau). — *Loc. citat.*

Femme de 32 ans. Selles très-difficiles. Par le toucher on constate un rétrécissement de l'intestin formé par des bosselures nombreuses, dures, quelques-unes ulcérées. Le doigt peut arriver avec facilité au-dessus des limites du mal.

Opération pratiquée par le procédé de Denonvilliers.

L'incision postérieure mit à découvert une seconde tumeur séparée de la première par une bande de 2 centimètres de muqueuse saine.

Guérison en sept semaines. Incontinence absolue des matières fécales. Deux ans après elle vivait toujours et portait une sorte de boîte de bois destinée à remédier à son incontinence.

XXIXe Obs. (Dolbeau, thèse de Fumouze).

Homme de 34 ans, né et habitant au Brésil. Rétrécissement considérable formé par plusieurs bosselures siégeant dans l'épaisseur des parois rectales.

Opération suivant le procédé de Denonvilliers.

Ce ne fut qu'après la section postérieure de l'intestin qu'on vit qu'il fallait exciser une hauteur de 8 centimètres. L'opération fut faite sans difficulté. Les artères du rectum présentaient un développement considérable.

Le quatrième jour, le malade succomba à des accidents pernicieux.

L'examen de la plaie et une garde-robe non sanglante démontrèrent que tous les vaisseaux avaient été liés d'une façon complète.

XXXe Obs. (Chassaignac). — Traité de l'écrasement linéaire.

Femme de 54 ans, entrée le 19 avril 1854. Difficultés de la défécation et pertes de sang et de matières glaireuses abondantes. A l'anus, il n'existe d'autre lésion qu'une fissure qui devient surtout évidente pendant les efforts de la malade. Par le toucher, on reconnaît une induration inégale, mamelonnée, fongueuse siégeant à la partie inférieure du rectum, portant sur les deux tiers antérieurs de l'intestin. Le tiers postérieur est parfaitement sain. Le mal s'étend à une hauteur de 3 centimètres. La limite supérieure est facilement dépassée par le doigt. Le rectum est parfaitement mobile.

Opération le 21 avril. La malade est couchée en avant, soutenue par des oreillers sous le ventre.

Deux incisions semi-lunaires à 2 centimètres de l'anus.

Le rectum est disséqué ; un fil est passé dans la paroi postérieure du cylindre ainsi détaché. Un second fil, pour consolider celui-ci, est passé dans la tumeur ; puis les parties malades sont retranchées. Pendant la dissection, on est obligé, pour enlever tous les tissus malades, de s'approcher, surtout en haut et à gauche, du vagin qui est perforé malgré toutes les précautions.

Aucune ligature n'est nécessaire.

Aucuns accidents. Le 28 mai, la malade quitte l'hôpital dans l'état suivant. La plaie est presque cicatrisée ; elle circonscrit une cavité anfractueuse divisée par une cloison en deux compartiments : l'un postérieur se continue avec la cavité du rectum ; l'autre antérieur est formé par le vagin. Les matières s'échappent par la vulve et l'anus, sans que la malade en ait conscience.

Cette malade a été revue six mois après l'opération ; elle ne portait aucune trace de récidive et avait conservé toutes les apparences de la santé.

XXXI⁰ Obs. (Chassaignac). — Traité de l'écrasement linéaire.

Homme de 62 ans, entré le 11 avril 1855 à l'hôpital Lariboisière.

Il y a deux ans, tumeur à l'anus saignant au moment des selles, enlevée par Philippe Boyer en novembre 1854. On constate dans le rectum et au-dessus de l'anus un léger rétrécissement constitué par une induration peu étendue en profondeur, inégale, étalée en surface et occupant la demi-circonférence postérieure de l'intestin, sur une hauteur d'environ 10 centimètres.

Ablation par le bistouri en janvier 1865.

Tout ne fut pas enlevé, car dès les jours suivants on sentit quelques parties indurées dans le voisinage de la plaie. La cicatrice marche rapidement dès les premiers temps néanmoins.

Sorti très-amélioré à la fin de février.

Le 3 avril 1865, le malade se présente de nouveau.

Induration irrégulière sur toute la circonférence du rectum, au voisinage de l'anus.

14 mai. Ablation de la partie inférieure du rectum par l'écrasement linéaire.

Ce malade a été revu cinq ans après ; sa guérison s'était parfaitement maintenue.

XXXII⁰ Obs. (Maisonneuve, thèse de Cortès, 1860).

Femme de 46 ans. Entre à la Pitié le 11 mars 1858. Début il y a dix-huit mois. Défécation presque impossible. Cancer annulaire se confondant en bas avec l'anus. Le doigt peut dépasser facilement sa limite supérieure. Elle remontait à environ 2 centimètres en avant et en arrière. La tumeur était très-mince du côté du vagin et presque interrompue. Traitement anti-syphilitique sans résultats.

Opération le 10 mai suivant par la méthode dite de la ligature extemporanée. Il n'y a presque pas eu de sang répandu. Elle a duré un quart d'heure en tout.

Pansement simple. Bourdonnets de charpie et bandage en T.

Cicatrisation complète six semaines après, 20 juin.

XXXIIIe Obs. (Maisonneuve, thèse de Cortès).

Femme de 69 ans. Tumeur carcinomateuse occupant les deux tiers de la circonférence de l'intestin. Son centre répond à la partie latérale droite du rectum. Elle remonte à une profondeur d'environ 5 centimètres. Le côté gauche était libre, la production morbide n'occupant que les régions antérieure, postérieure et latérale droite.

Opération le 15 septembre suivant par la méthode de la ligature extemporanée. Incision des téguments qui s'éloigne du côté droit, où le mal est le plus volumineux, d'environ 4 centimètres de l'anus. Pas une goutte de sang.

Pansement. Une sonde fut introduite dans le rectum et un tamponnement établi autour d'elle.

Aucun accident traumatique. A peine de la fièvre. Guérison en sept semaines.

En avril 1869, la malade se portait toujours bien. La cicatrice s'est bien maintenue, sauf un point induré qu'il sera facile de détruire.

Il existe un écoulement muqueux par l'anus qui force la malade à se garnir.

XXXIVe Obs. (Maisonneuve, thèse de Cortès).

Femme de 63 ans. Entrée le 8 novembre 1858. Début il y a deux ans. Incontinence d'abord, puis phénomènes de rétention des matières stercorales depuis quelque temps.

Cancer annulaire haut de 5 centimètres en arrière, de 2 centimètres seulement en avant. La cloison recto-vaginale n'est pas envahie dans toute son épaisseur.

Opération le 16 novembre par la méthode de la ligature extemporanée. Anses au nombre de 7.

L'opération dura quarante-cinq minutes et ne donna lieu à aucun écoulement de sang.

Aucun accident consécutif. La guérison fut complète le 17 février 1859.

La malade fut revue plus d'un an après. La cicatrice était intacte, les selles se faisaient bien ; mais il se fait par l'anus un suintement continuel qui oblige la malade à se tenir garnie.

XXXVᵉ Obs. (Maisonneuve), *Union médicale*, 1860.

Malade âgé de 60 ans. Tumeur carcinomateuse de l'extrémité inférieure du rectum qui a débuté il y a trois ans et a été opérée deux fois déjà par d'autres médecins.

Elle présentait environ le volume du poing, était dure, inégale, occupait environ les deux tiers de la circonférence de l'intestin. Elle remontait à près de 4 centimètres.

Opération par la ligature extemporanée ; 7 anses furent placées. Pas le moindre écoulement sanguin.

Rien de particulier dans les suites.

Le malade eut pendant quelques semaines une incontinence des matières fécales. Cette infirmité disparut complètement au bout de quelque temps, par suite des progrès de la rétraction cicatricielle.

La guérison fut complète au bout de sept semaines.

XXXVIᵉ Obs. (Denonvilliers), *Gazette des Hôpitaux*, 1844.

L'âge du malade n'est pas désigné. Il est dit seulement qu'il était d'âge assez avancé.

Les difficultés de la défécation dataient de loin ; le mal s'était beaucoup aggravé trois mois avant l'entrée du malade. Deux mois auparavant, il s'était formé une excroissance charnue au fondement. Les selles devinrent involontaires.

L'anus est entouré d'un bourrelet en demi-cercle de 1 à 2 centimètres d'élévation, fongueux, rougeâtre.

Le doigt, porté dans le rectum, est serré comme par un anneau. Au-dessus du rétrécissement, on reconnaît l'existence d'un tissu nouveau grenu, dur, ulcéré, qui ne s'étendait pas à plus de la longueur du doigt. Il montait plus haut en arrière qu'en avant, à droite qu'à gauche. Il cessait brusquement ; sur ses limites la muqueuse reprenait son état normal. Le rectum était mobile de toutes parts. En lui imprimant des mouvements, on le sentait libre sur les côtés et en arrière. En avant, il existait peut-être quelques adhérences à la prostate.

Le malade est couché sur le ventre, qui est relevé et soutenu par des coussins. Sonde dans l'urèthre confiée à un aide. Le reste de l'opération se fit dans ce cas suivant la méthode de Lisfranc. Les incisions pratiquées, l'index fut introduit dans le rectum ; avec le pouce, il embrassait et soulevait la tumeur. Des ligatures furent pratiquées à mesure que les vaisseaux étaient ouverts. Il y avait des adhérences avec la prostate ; aussi, après avoir isolé la tumeur de toutes les autres parties, on passa un fil entre elle et cette glande, au-dessus des limites du mal. La tumeur fut soulevée par des érignes et séparée de haut en bas, d'avant en arrière. Arrivé auprès de la ligature, le chirurgien excisa en avant de celle-ci.

Le pansement fut fait une heure après l'opération seulement.

L'opération fut pratiquée le 24 juillet. Le 26, le malade eut une hémorrhagie à la suite d'efforts inconsidérés de défécation. Celle-ci s'arrêta rapidement. Le 4 août seulement on commença à introduire des mèches.

Le malade guérit parfaitement. Le rectum fonctionnait bien, malgré la perte de substance énorme qu'il avait subie.

XXXVIIe Obs. (Baumès), *Bulletin de l'Académie royale de médecine*, t. X, p. 936.

Femme de 52 ans. Cancer occupant toute la circonférence du rectum, depuis son extrémité inférieure jusqu'à 3 pouces de hauteur. Elle oblitérait presque complètement cet organe et ne laissait passer qu'avec peine le doigt explorateur. La cloison recto-vaginale était dégénérée, squirrheuse, à plus d'un pouce. La muqueuse seule paraissait saine.

Depuis deux mois, les matières stercorales n'avaient pas été rendues. Le ventre en était distendu et la main pouvait les saisir et les écraser dans les circonvolutions intestinales qui se dessinaient à travers ses parois.

Etat général de tous points déplorable.

Opération le 7 septembre 1836. Deux incisions ovulaires, puis dissection de l'intestin avec des ciseaux jusqu'à la hauteur de 3 pouces. Toute la cloison recto-vaginale et la muqueuse elle-même jusqu'à plus d'un pouce de hauteur fut enlevée. L'opération ne dura que six minutes. Les vaisseaux divisés furent cautérisés. La malade perdit néanmoins beaucoup de sang.

Garde-robes très-abondantes dès les premiers jours.

Quarante jours après l'opération la cicatrisation était complète.

Cette femme put vaquer à toutes les occupations de son ménage. Elle était avertie soir et matin par des coliques et le sentiment d'un poids dans le rectum de l'issue des matières stercorales qu'elle ne pouvait encore retenir au moment où fut publiée l'observation.

XXXVIII⁰ Obs. (*Revue médicale*, 1836, P. 264; Mandt. de Greisfwald.)

Homme de 45 ans. Amaigrissement considérable. A l'extrémité de l'orifice anal, ulcère fongueux, inégal, bosselé, à bords rouges brunâtres. La peau environnante était saine. La paroi rectale en dedans était, comme l'orifice, inégale, dure, bosselée. L'altération s'étendait à une hauteur de 2 pouces et demi.

Opération. Le malade fut placé, appuyé sur les coudes et sur les genoux.

Le chirurgien pratiqua une incision ovulaire partant de la pointe du coccyx et s'étendant jusqu'au devant de l'anus, puis, à l'aide du scalpel, le sphincter externe, interne, et le releveur de l'anus furent écartés, et le rectum mis à nu jusqu'à une hauteur de trois pouces.

Résection à trois lignes des tissus malades. L'opération dura vingt minutes. L'hémorrhagie, considérable d'abord, fut arrêtée par l'eau froide. L'extrémité de l'intestin fut fixée par deux anses de fil. Une canule de corne, d'une hauteur de 4 pouces, fut placée dans la plaie, et autour d'elle on disposa de la charpie. Bandage en T. La canule dut être retirée le jour même; des matières fécales s'étaient introduites entre cette canule et la plaie. La guérison fut complète au bout de trois semaines.

Incontinence d'abord; plus tard les fonctions intestinales s'améliorèrent au point que le malade put reprendre ses travaux.

XXXIX⁰ Obs. (Petel du Cateau, l'Expérience, t. VI, p. 27.)

Homme de 67 ans. Début datant d'un an. Bosselures volumineuses, surtout à gauche et en avant, où il existait de plus une ulcération profonde. Le doigt *semblait* atteindre les limites du mal.

Opération le 7 décembre 1838. Incisions semi-lunaires écartées de 10 à 12 lignes de l'orifice anal. Dissection en arrière du côté du sacrum facile. En avant, les tissus étaient confondus en une masse homogène, dure, squirrheuse et servant de paroi à l'intestin; les tuniques muqueuse, celluleuse et musculaire de ce dernier étant complètement détruites dans ce sens, et cela dans l'étendue environ d'une pièce de 30 sous. En prévision d'une blessure possible de l'urèthre, une sonde fut alors introduite dans la vessie Des mouvements imprimés à la sonde prouvèrent que l'épaisseur des tissus de la cloison recto-vésicale et uréthrale était encore assez notable, ce qui sans doute tenait au développement pathologique du tissu lamineux qu avait refoulé en avant l'appareil vésico-uréthral.

En remontant à environ 2 pouces de l'anus, on retrouva la paroi rectale, qui put être comprise dans la dissection circulaire de l'intestin jusqu'aux limites de la dégénérescence. Le rectum fut abaissé ensuite par des tractions énergiques qui amenèrent au dehors toute la portion altérée, et excisé aux limites du mal. Le doigt, porté vers le point qui avait servi de paroi à l'intestin, fit sentir quelques duretés qui semblaient s'irradier vers la prostate. Des incisions ménagées en enlevèrent la plus grande partie. Le reste fut cautérisé avec le cautère actuel.

La portion enlevée avait 3 *pouces et demi* dans son diamètre sacré, quelques lignes de moins du côté vésical. Les artères, divisées, purent être tordues. Guérison après de nombreux accidents non mentionnés. Le malade avait de la peine à conserver les matières, même lorsqu'elles étaient consistantes. Il remédiait à cette infirmité en portant un bandage en T, une mèche et des étoupes.

XL⁰ Obs. (Lisfranc, thèse de Pinault, 1829).

Homme de 45 ans. Début il y a cinq mois. Le cancer est annulaire et occupe 1 pouce et demi de la membrane muqueuse.

Opéré le 13 février 1826. Le malade est placé dans la position de la taille. On introduit une compresse à l'intérieur du rectum, que l'on bourre de charpie dans l'espoir d'attirer le mal en dehors en exerçant des tractions sur le tampon. Cette manœuvre ayant échoué, le doigt est introduit dans le rectum, et aidé par les efforts du malade, il parvient à amener au dehors le bourrelet pathologique. Excision à l'aide de ciseaux courbes. Tous les tissus malades, c'est-à-dire 2 pouces environ de la muqueuse rectale et la moitié du sphincter furent enlevés. L'hémorrhagie fut assez abondante : le malade perdit 4 palettes environ.

La plaie fut tamponnée avec une compresse remplie de bourdonnets de charpie.

A midi, le malade, après un frisson et des coliques, expulse à nouveau 3 palettes de sang liquide.

Le 1ᵉʳ avril, il ne restait plus qu'un très-petit point qui ne fût pas cicatrisé.

XLIᵉ Obs. (Lisfranc, thèse de Pinault.)

Femme de 45 ans. Grande gêne de la défécation. Écoulement suspect. Lisfranc constata qu'il existait autour de l'extrémité inférieure du rectum un bourrelet squirrheux qui remontait à l'intérieur dans une étendue de 2 pouces environ. Le doigt produisait une procidence facile de la muqueuse. Deux incisions semi-lunaires à 3 centimètres du rectum. La doigt introduit dans l'intestin mit la muqueuse dans un état de procidence presque complet. Elle fut enlevée au moyen de ciseaux courbes dans la hauteur de 2 pouces environ. Le sphincter dut être en partie sacrifié, parce que la dégénérescence à ce niveau comprenait toute l'épaisseur de l'intestin.

Hémorrhagie de la valeur de 2 palettes. Point de tamponnement. Aucun accident. La mèche ne fut introduite que le dixième jour pour la première fois. Elle fut continuée pendant six semaines.

L'opération fut pratiquée au mois de janvier 1828; quinze jours après la cicatrice était complète. Au moment où l'auteur racontait ce fait (Gazette médicale, 1832), la malade jouissait toujours d'une excellente santé. La défécation avait lieu avec le plus grande facilité: la malade n'était soumise, dans aucun cas, à l'incontinence des matières fécales.

XLIII° Obs. (Lisfranc, thèse de Pinault).

Femme de 26 ans. Entrée le 15 juillet 1828. Début il y a deux ans à la suite d'un écoulement prolongé par le rectum; traitement antisyphilitique et mèches mercurielles sans résultat.

Défécation excessivement douloureuse.

Végétations autour de l'anus rougeâtres, ulcérées, saignant au toucher et au passage des matières. Ulcérations dans la hauteur d'un pouce environ, occupant le tiers de la circonférence du rectum; les parties environnantes présentaient un engorgement squirrheux très-prononcé.

Opération le 16 août. Incisions semi-lunaires, dissection de la peau, le doigt introduit dans le rectum put renverser facilement toute la portion malade de l'intestin; section médiane postérieure de l'intestin et excision à la hauteur d'un pouce et demi. Aucune ligature ne fut pratiquée; le pansement ne fut fait qu'une heure après l'opération, après que tout suintement eut cessé.

Le 3 septembre. La plaie est réduite à la largeur d'une pièce de 5 francs. On voit partir de la bande une cicatrice qui a environ trois lignes d'étendue et qui remonte dans le canal résultant de la plaie.

28 octobre. Plaie complètement cicatrisée; la malade porte encore des mèches pour éviter un resserrement trop considérable de l'anneau inodulaire; elle conserve bien ses matières fécales.

Revue en 1829, c'est-à-dire environ une année après l'opération, la cicatrice ne s'était pas rétrécie, et la malade n'éprouvait aucune gêne dans l'acte de la défécation.

XLIVe Obs. (Lisfranc, thèse de Pinault).

Homme de 30 ans. Blennorrhagie rectale à la suite de rapports contre nature. Depuis quatre ans, douleur dans la défécation; depuis dix-huit mois, une ulcération sur le pourtour de l'anus; traitement antisyphilitique sans résultats.

Ulcérations dans l'étendue d'un pouce, puis rétrécissement squirrheux, au delà duquel les parois de l'intestin sont saines.

Opération 20 novembre 1828. Deux incisions à quinze lignes de l'anus. La peau où siégeait le mal est disséquée jusqu'au rectum ; l'index et le médius de la main gauche sont alors introduits dans l'intestin, et la partie inférieure de l'intestin renversée pour mettre tout le mal à découvert; la partie renversée est ensuite fendue et incisée à la hauteur d'un pouce et demi; une seule artère fut liée, le pansement ne fut fait qu'une heure après l'opération alors que tout écoulement sanguin avait cessé; sorti le 25 janvier, sans que sa plaie fût entièrement cicatrisée, présentant des signes de tuberculose pulmonaire. Le malade, qui fut perdu de vue, succomba vraisemblablement, dit l'auteur, à l'affection tuberculeuse de son poumon droit.

XLVe Obs. (Lisfranc, thèse de Pinault).

Femme de 29 ans. A eu, cinq ans avant son entrée dans le service de Lisfranc, une blennorrhagie à la suite de rapports contre nature. Traitement antisiphylitique et mèches enduites d'onguent mercuriel sans résultat. Difficultés considérables de la défécation. A 2 pouces et 1/2 au-dessus de l'anus, rétrécissement que Lisfranc crut cancéreux, remontant à une hauteur d'environ 3 pouces; le doigt pouvait facilement atteindre la limite supérieure du mal.

Opération le 6 mars. Deux incisions semi-elliptiques ; puis le doigt est introduit dans l'intestin qui est fendu parallèlement à son axe sur sa paroi postérieure, dans une hauteur de 3 pouces.

Hémorrhagie arrêtée avec une éponge imbibée d'eau froide. Un aide introduit deux doigts dans le vagin et fait saillir la cloison recto-vaginale. La dissection du rétrécissement fut longue dans toute la circonférence de l'intestin. La partie inférieure de l'intestin ne fut pas enlevée. On incisa seulement la peau qui avait été disséquée. Grande quantité de sang perdu. Tamponnement intolérable, retiré au bout de deux heures.

Dès le soir, fièvre vive, vomissements. Douleurs dans le bassin et les environs de la plaie.

Le 7. Vomissements continuent. Douleurs moins fortes.

Le 9. Vomissements continuels. Peau chaude, sèche. Pouls petit. Mort à midi.

Autopsie. — Infiltration de pus dans le tissu cellulaire de tout le bassin, remontant le long du méso-rectum, dans la fosse iliaque et le long de la colonne vertébrale, jusqu'au-dessous des reins. En portant le doigt dans le méso-rectum, après avoir séparé la partie supérieure du rectum de la face antérieure du sacrum, on arrivait facilement dans la partie supérieure de la plaie.

XLVIe Obs. (Lisfranc, thèse de Pinault).

Homme de 72 ans. Début datant de deux ans. Aussi haut que le doigt pouvait atteindre, on sentait un épaississement considérable des parois du rectum.

Opéré le 27 mai 1829. Une sonde fut introduite dans la vessie. Deux incisions semi-lunaires. La peau fut disséquée jusqu'au rectum. Le doigt introduit alors dans l'intestin ne put parvenir à l'abaisser ; tout le tissu cellulaire environnant était squirrheux. Section médiane postérieure dans une étendue de 2 pouces qui ne permit pas d'atteindre les limites du mal. Pour fendre l'intestin plus haut, on fit une incision de la partie postérieure de la plaie à la pointe du coccyx.

Hémorrhagie abondante arrêtée avec de l'eau froide. L'intestin ne put encore être abaissé. Il fut disséqué *in situ* avec les plus grandes difficultés ; la paroi antérieure du rectum était si intimement adhérente à l'urèthre que ce canal fut intéressé par la dissection dans la partie inférieure.

L'intestin fut excisé dans une hauteur de 3 pouces. Artères volumineuses ouvertes et comprimées par les doigts d'un aide. On ne fit pas de ligature, le sang ayant cessé de couler après l'opération. Le malade avait perdu beaucoup de sang. Tamponnement. Sonde à demeure.

Le malade, très-affaissé, eut des coliques, des besoins d'uriner, etc. Il se releva un peu le soir. Le lendemain, douleurs dans la plaie et le bassin. Mort à sept heures du soir. Pas d'autopsie.

XLVIIe Obs. (Lisfranc, thèse de Pinault).

Femme de 29 ans. Début datant de trois ans. Progressivement et malgré un traitement rationnel, difficultés presque insurmontables de la défécation. Induration squirrheuse occupant toute la circonférence du rectum et remontant à une hauteur de 3 pouces.

Opération le 12 juin. Deux incisions semi-lunaires. Dissection de la plaie jusqu'aux parois de l'intestin. Le doigt introduit dans le rectum, l'intestin fut fendu à sa partie postérieure dans une étendue de 3 pouces. Opération suspendue pour arrêter l'hémorrhagie par l'eau froide. Abaissement au moyen d'érignes de la partie inférieure du rectum. On avait, à l'aide de deux doigts introduits dans le vagin, fait saillir la cloison recto-vaginale. La dissection à ce niveau fut difficile. L'incision postérieure longitudinale fut agrandie. Elle divisa des artères volumineuses.

Section transversale et ligature difficile d'une de ces artères, parce que l'intestin abaissé, l'hémorrhagie cessait, le vaisseau se trouvant comprimé par ce fait. Pansement deux heures après l'opération seulement, après que tout écoulement de sang avait cessé. Vomissements dès le premier jour.

La malade se releva et alla bien jusqu'au 27. Ce jour, fièvre, douleur dans le bassin; le soir, frisson de dix minutes.

Le lendemain nouveau frisson.

Les 29 et 30. Frissons.

1er juillet. Deux frissons, et morte le 6.

Autopsie. — La péritoine semble sain. Pas d'épanchement dans le petit bassin. L'utérus un peu adhérent à la partie antérieure du rectum. La plupart des veines collatérales de l'hypogastrique étaient pleines d'un liquide puriforme. Les autres organes étaient sains.

XLVIIIe Obs. (Lisfranc, thèse de Pinault).

Femme de 25 ans. A eu des rapports contre nature. Traitement antisyphilitique sans résultats. A 3 pouces et demi au-dessus de l'anus, il existe un épaississement squirrheux de la paroi du rectum, que le doigt peut à peine traverser.

Opération le 17 août 1828.

Deux incisions semi-lunaires. Dissection. Le rectum ne peut être abaissé. Section médiane postérieure de l'intestin. Dissection de la cloison recto-vaginale rendue saillante par les doigts d'un aide. Excision à 3 pouces et demi de hauteur de l'intestin ulcéré. Eponge imbibée d'eau froide. Deux heures après, tout suintement sanguin avait disparu.

20 septembre. La plaie a la largeur d'une pièce de 5 francs. On ne trouve d'abord avec le doigt qu'une cloison à la partie supérieure, puis l'ouverture de l'intestin collée à la face postérieure du coccyx, avec un bourrelet formant sphincter.

Le 25. Plaie cicatrisée. Continuation des mèches, la plaie ayant une grande tedance à la coarctation.

Marchand.

La malade, conservée jusqu'au 28 avril 1829, retenait très-bien ses matières fécales.

Le canal cicatriciel n'a pas diminué.

Obs. IX (Lisfranc, thèse de Pinault).

Femme de 41 ans. Début du mal datant de vingt mois. Sur le côté droit du rectum, engorgement squirrheux faisant une saillie assez considérable à peu près à 1 pouce et demi de l'anus. Sur la paroi postérieure du rectum, ulcérations squirrheuses remontant à 3 pouces dans l'intestin.

Opération le 15 mai 1829. A 1 pouce de l'anus, deux incisions semi-lunaires. Dissection jusqu'au rectum, puis incision, avec des ciseaux, médiane et postérieure de la paroi rectale. Suspension de l'opération pendant deux minutes en raison de l'écoulement de sang. Éponge imbibée d'eau froide.

Incision à la hauteur de 3 pouces. Une artère fut liée. La malade fut reportée dans son lit sans pansement. A 2 heures, tout suintement sanguin avait cessé. Coliques, nausées, vomissements.

Le 16 et le 17, quelques vomissements.

Le 18 juin, la surface de la plaie a diminué de moitié. On trouve au toucher d'abord une cloison, et en portant le doigt en arrière la partie inférieure du rectum vers la base du coccyx. Son ouverture est affaissée sur elle-même.

Le 25, la plaie offre la largeur d'une pièce de 5 francs. La peau ne prête plus. On voit partir de ses bords une pellicule cicatricielle d'environ 2 lignes de largeur. Le bourrelet de la partie inférieure retient les matières fécales quand elles sont un peu dures.

15 juillet. La cicatrice recouvre à peu près tout le canal jusqu'à la partie inférieure du rectum.

La malade conserve ses matières fécales.

CONCLUSIONS.

Arrivé à la fin de notre travail, nous pouvons résumer les conséquences qu'on en doit tirer dans les quelques propositions suivantes :

1° L'extirpation de l'extrémité inférieure du rectum, si elle est pratiquée dans de certaines limites, n'est pas une opération très-grave.

2° Elle n'expose pas plus qu'une autre, depuis surtout qu'on a appliqué à son exécution certains moyens exérésiques, à des complications immédiates qui doivent la faire rejeter.

3° Elle n'entraîne aucune infirmité qui puisse soutenir la comparaison avec celles que crée la maladie contre laquelle elle est le plus souvent dirigée.

4° Les récidives qui la suivent ne sont pas plus fréquentes ni plus rapides que celles qui succèdent aux opérations pratiquées dans un même but sur d'autres points de l'économie, lorsque les limites du mal ont pu être dépassées largement.

5° Elle doit être réservée cependant aux cas où on a la certitude de pouvoir enlever tout le mal. Comme simple palliatif, les résultats qu'elle donne peuvent être obtenus plus facilement par d'autres moyens.

6° Au point de vue des conditions que doivent présenter les parties pour que l'opération puisse être entreprise, tous les chirurgiens sont d'accord qu'il est indispensable que le rectum soit libre et mobile dans l'enceinte pelvienne. On doit s'assurer aussi exactement qu'on le peut que les organes génito-urinaires chez l'homme sont absolument indemnes, leur] participation à la maladie contre-indiquant formellement toute opération (Verneuil).

7° Il n'en est pas de même chez la femme, où la cloison recto-vaginale peut être intéressée plus ou moins largement sans qu'il en résulte de très-graves inconvénients.

8° Contre les rétrécissement, l'extirpation doit toujours rester un moyen tout à fait exceptionnel. Ce n'est qu'après des tentatives nombreuses, et en présence d'un état général grave, qu'on est autorisé à en arriver à cette extrémité.

'aris. A. PARENT, imprimeur de la Faculté de Médecine, rue Mr-le-Prince, 31.